バイクメンテとチューニングの実用知識

176点の図とイラストで整備・調整・交換の「なぜ？」がわかる！

小川直紀 [著]

Ogawa Naoki

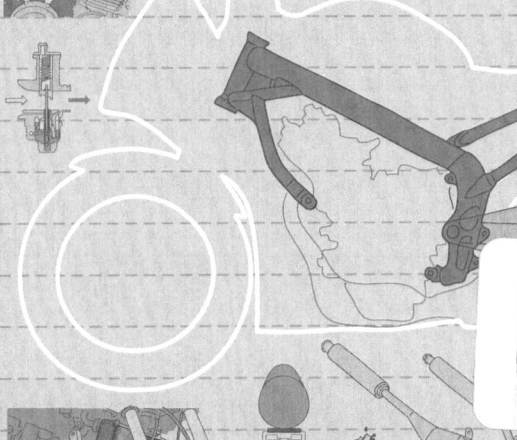

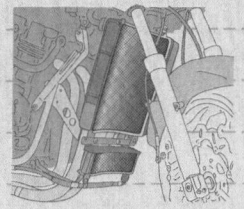
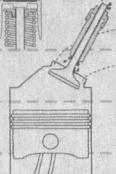
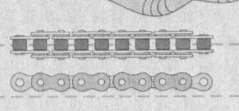
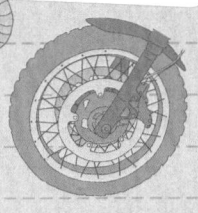

JN206640

日刊工業新聞社

は じ め に

◎バイクとバイクチューニングの過去・現在

　チューニングとは本来、調整・調律・同調という意味であり、バラツキを修正することを言います。

　1980年代頃までのバイクは、現在と比べると製造や加工、品質管理の技術が低く、またコンピューターによる各種解析技術なども一般的ではなかったため、部品のバラツキや強度などに余裕をみた構造設計がされていました。

　チューニングとは、これらのバラツキ（余裕）を解消することで本来の性能を引き出すことでした。また、チューニングの方法も経験と勘をもとにした加工がほとんどで、その効果には「精神的なもの」が含まれていました。

　現在は、製造や加工、品質管理の技術向上やコンピューターによるシミュレーション、解析技術の進歩により、部品のバラツキはほとんど解消され、チューニングの効果も事前に確認をしたうえで反映されています。このため、エンジン出力や車体強度、操縦性などはもちろん、付属するタイヤやオイルなども含めて、少し前のレース車両を超えるレベルにまで到達しています。

　製造や加工技術の高度化は、バイクメーカーに限った話ではありません。チューニングパーツを製造するメーカーやチューニングショップも同様に高度化しています。

　また、インターネットの普及により、海外でしか手に入らなかったパーツが手軽に入手でき、チューニングに関するさまざまな情報を共有できる時代となりました。キュブレターを電子制御燃料噴射に変更したり、ターボチャージャーやスーパーチャージャーを搭載したりする猛者が現れるなど、これまではバイクメーカーにしかできなかったようなチューニングが可能な時代になっています。

　一方バイクの安全性についても、ABS（アンチロックブレーキシステム）やTRC（トラクションコントロール）などが装備され、非常に高いレベルが求められています。転倒事故を防ぐためにライダーの意思とは関係なくバイクを電子制御技術でコントロールしており、ECU（エレクトロニック・コントロール・ユニット）による介入内容も年々高度化・複雑化しています。また、

環境にかかる負荷をできるだけ抑えるための環境性能の追求も、地球で生きる者として当然の義務になっています。

　これらの「安全性」と「環境」への配慮が重視されるのは、チューニングであっても同様です。

◎バイクチューニングで大切なこと

　さきほども述べたように、最近の安全性や環境性能の飛躍的な向上は、その多くが電子制御化によってもたらされたものです。そのため、ちょっとしたメンテナンス作業であっても故障診断機などのコンピューターが必要になるなど、自分の好みの反映や他のバイクとの差別化という面では、非常にハードルが高くなっています。

　最新技術で製造したチューニングパーツは、以前のものとは比べものにならないほどの高品質になっており、チューニングの手法や工作機械も非常に高度化しています。このような最新テクノロジーを駆使することで、動力性能の向上と乗りやすさ、環境性能を高い次元でバランスさせ、30年前、40年前の旧車が驚くようなパフォーマンスを発揮することが可能となっています。

　行き過ぎた制御機能に対する反発からではないのでしょうが、実際に1970年代や80年代のバイクをレストア＋チューニングして乗っているライダーも増えています。

　以上のように、チューニングの手法や環境は大きく変わっていますが、まずはチューニング本来の意味や、チューニングすることのメリット・デメリットを知ることが大前提となります。そのためには、バイクの基本的なメカニズムをきちんと理解することが重要です。そして、自分にとっての理想のバイクを正しく思い描くことができれば、チューニングによってより自分にフィットさせることができ、バイクにより一層の愛着を持つことができます。

　この本の内容が、バイクとバイクチューニングの理解を進めるための一助になれば幸いです。

2019年6月吉日　小川　直紀

きちんと知りたい！ バイクメンテとチューニングの実用知識
CONTENTS

第1章
エンジン本体編

1. エンジン本体

第3章
エンジン電装系編

3

1. 点火装置

第4章
動力伝達機構編

4

1. 変速装置

第5章
フレームと足回り編

1. フレームとスイングアーム

2. サスペンション

3. ブレーキ

4. タイヤとホイール

第1章

エンジン本体編

The chapter of engine

吸排気のタイミングとバルブオーバーラップ

1-1 吸気バルブ、排気バルブは上死点や下死点に達した瞬間に開閉し始めるのではなく、そのタイミングを少しずらしています。吸排気バルブの開閉タイミング（バルブタイミング）はとても重要だからです。

4サイクルエンジンは、吸入、圧縮、燃焼、排気の4つの行程に合わせて吸排気バルブを開閉して**混合気**の吸入や燃焼ガスの排出を行いますが、実際のエンジンでは、**ピストンが上死点**から**下死点**へ移動する瞬間に合わせて**吸気バルブ**を開いて混合気を吸入しているわけではありません（上図①）。また、**燃焼ガス**の排出も下死点から上死点への移動に合わせて**排気バルブ**を開いていたのでは、燃焼ガスを効率よく排出することはできません（上図④）。

▨ 吸排気バルブの開閉タイミング

混合気にはシリンダー内に吸入されるときに慣性力（圧力波）がはたらくため、ピストンが下死点に到達した後も混合気を吸入し続けようとします。**レシプロエンジン**※の出力は吸入できる混合気の量が多いほど大きくなるため、実際のエンジンでは吸入行程が終わり、ピストンが上死点へ移動し始めてもある程度までは吸気バルブは開いた状態になっています。

排気バルブも、ピストンが下死点に達して排気行程が始まる前から開き始めます。レシプロエンジンは、燃焼ガスが膨張してピストンを押し下げることで動力が発生するため（上図③）、ピストンが下死点に到達するまでは吸排気バルブを閉めたほうが燃焼ガスの圧力を全てピストンを押し下げる力として使えます。しかし実際のエンジンでは、この圧力を全て使い切ることができないため、排気バルブを早く開いて燃焼ガスを素早く排出したほうが、次の吸気行程でより多くの混合気を吸入でき、結果的により高い出力を得られます。

また、ピストンが上死点に達する前に吸気バルブを開け、上死点に到達した後も排気バルブを開けておくことで、新たに吸入された混合気によって燃焼ガスをシリンダー外に押し出す効果も得ています（中図）。

▨ バルブオーバーラップの効果

排気行程が終了し吸気行程に移るときには、吸排気バルブがともに開いている状態になります。これを**バルブオーバーラップ**といい、吸排気バルブの開き始めと閉じ終わりのタイミング（**バルブタイミング**）は、上死点・下死点を基準とした角度で表されます。これを**バルブタイミングダイヤグラム**といいます（下図）。

※ レシプロエンジン：エンジン内部のピストンが燃焼によって上下に往復運動し、その力をクランクシャフトを介して回転運動に変える原動機

4サイクルエンジンの4行程とバルブの動き

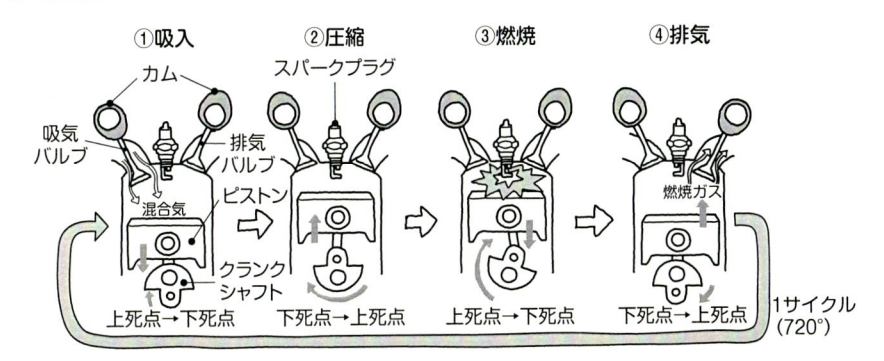

①吸入　②圧縮　③燃焼　④排気

カム　スパークプラグ
吸気バルブ　排気バルブ　ピストン　混合気　クランクシャフト　燃焼ガス

上死点→下死点　下死点→上死点　上死点→下死点　下死点→上死点

1サイクル（720°）

吸気バルブを早く開くことによる効果

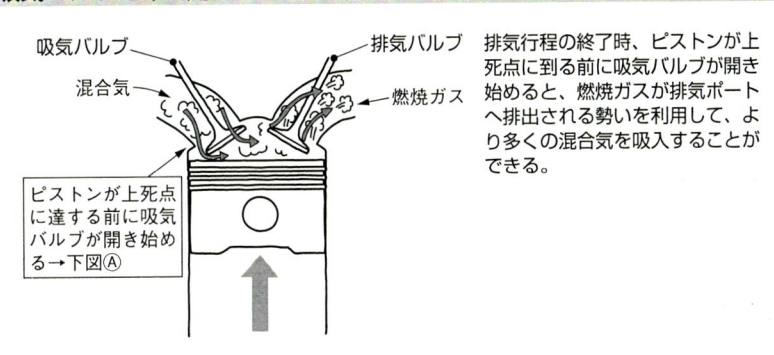

吸気バルブ　排気バルブ
混合気　燃焼ガス

ピストンが上死点に達する前に吸気バルブが開き始める→下図Ⓐ

排気行程の終了時、ピストンが上死点に到る前に吸気バルブが開き始めると、燃焼ガスが排気ポートへ排出される勢いを利用して、より多くの混合気を吸入することができる。

バルブオーバーラップを表したバルブタイミングダイヤグラム

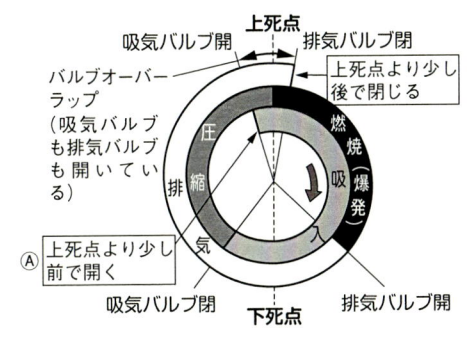

上死点
吸気バルブ開　排気バルブ閉
バルブオーバーラップ（吸気バルブも排気バルブも開いている）
上死点より少し後で閉じる
燃焼　吸入（爆発）　圧縮　排気
Ⓐ 上死点より少し前で開く
吸気バルブ閉　排気バルブ開
下死点

吸排気バルブの最適なオーバーラップ角度は、エンジン回転数によって変化する。一般的には、オーバーラップが大きいと低回転時は吸入した混合気が排気ポートから吹き抜けてアイドリングが不安定になるが、中回転域では混合気による燃焼ガスの掃気効果が大きくなる。高回転域では、吸気バルブを閉じるタイミングが遅ければ混合気にはたらく慣性力により充填効率が高まる。

POINT
◎吸排気バルブがともに開いている状態をバルブオーバーラップという
◎バルブオーバーラップの効果で、より多くの混合気が得られる
◎吸排気バルブの開閉時期のことをバルブタイミングという

バルブクリアランスの役割

エンジンのパーツは高温になるため熱膨張が発生します。これを見越して、カム山とバルブの接触面にはバルブクリアランスというすき間が設けられていますが、この部分はとても重要です。

4サイクルエンジンは、**吸気バルブや排気バルブ**を開閉して、シリンダーへの**混合気**の吸入や**燃焼ガス**の排出をコントロールしています（11頁上図参照）。この吸排気バルブの開閉には、一般的に**カムシャフト**と**バルブスプリング**が使用されています（上図）。

■バルブ開閉のしくみ

バルブはカムシャフトに設けられた**カム**で押されることによって開き、**バルブスプリング**がバルブを引き上げることによって閉じます。

①カムがバルブを押す（バルブを開く）

②バルブスプリングがバルブを引き上げる（バルブが閉じる）

という動きを繰り返すことによって、吸気バルブ、排気バルブを開閉しているわけです。

カムシャフトには、バルブごとに**カム山**が設けられています。カムシャフトが回転すると、このカム山の高さに沿ってバルブが開くようになっており、カム山の低い部分に差し掛かると、バルブスプリングの反力によってバルブが閉じるようになっています。

■バルブクリアランスとは何か

エンジン部品は非常に高温になるため、バルブやカムシャフトはもちろん、シリンダーやシリンダーヘッドにも熱膨張が発生して寸法が変化します。このため、カム山とバルブの接触面などには、熱膨張を見越してあらかじめ「すき間」を設けています。このすき間を**バルブクリアランス**といいます（下図）。

バルブクリアランスの値は、混合気によって冷却される吸気バルブ側と燃焼ガスにさらされて高温になる排気バルブ側では異なっており、基本的には吸気側がやや狭く、排気側が大きくなります。

バルブクリアランスが狭すぎると高温時にバルブの開閉タイミングにズレが発生したり、バルブが閉じ切れずに**バルブシート**との間にすき間が発生したりします。またバルブクリアランスが広すぎると、カム山とバルブとの間で打音が発生し、異常摩耗などの原因にもなります。

バルブの開閉機構

吸排気バルブは、カム山がバルブを押すことで開き、スプリングがバルブを引き上げることで閉じる。

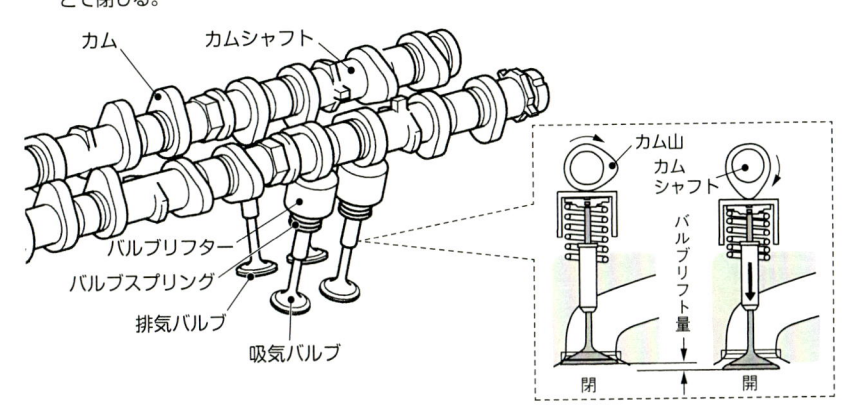

バルブクリアランスの影響

長期間使用していると、バルブやカムシャフトが摩耗してバルブクリアランスが大きくなり、エンジン回転に合わせて金属音が鳴り出したりする。逆にバルブクリアランスが狭くなると、バルブが閉じ切れずに吸気、排気に漏れが生じることになる。

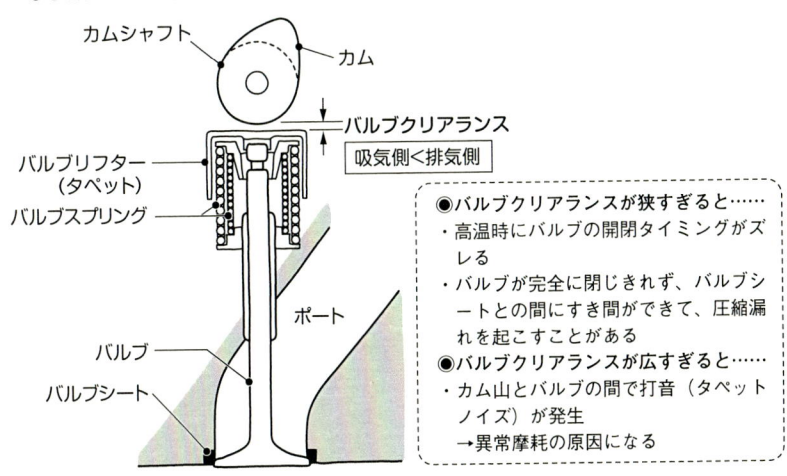

●バルブクリアランスが狭すぎると……
・高温時にバルブの開閉タイミングがズレる
・バルブが完全に閉じきれず、バルブシートとの間にすき間ができて、圧縮漏れを起こすことがある
●バルブクリアランスが広すぎると……
・カム山とバルブの間で打音（タペットノイズ）が発生
　→異常摩耗の原因になる

POINT
◎カム山とバルブの接触面に設けられたすき間をバルブクリアランスという
◎バルブクリアランスは、基本的に吸気側がやや狭く、排気側が広くなる
◎バルブクリアランスの狭い・広いはエンジンにいろいろな影響を与える

バルブクリアランスの調整

1-3

長期間使用していると、バルブやカムシャフトが摩耗してバルブクリアランスが大きくなり、エンジン回転に合わせて金属音がしたり、出力低下を招くなど、不具合が発生することになります。

経年変化による摩耗などにより、**バルブクリアランスは定期的な調整が必要になります**。調整方法はカムやバルブ部の構造によって異なり、シムと呼ばれるスペーサー[※]の厚みを変えて行うシム調整式と（上左図）、ロッカーアーム先端のネジ式のタペットを回転させて調整するネジ式があります（上右図）。

■シム式とネジ式

シム式の場合、カム山とシムのすき間を**シックネスゲージ**（すき間の寸法を測るための工具）で測定、クリアランスが大きい場合は適正な範囲に収まるように厚いシムに交換します。アウターシム式の場合は、カムシャフトを組み付けた状態でも特殊工具を使えばシムの交換が可能ですが（上左図）、インナーシム式では、カムシャフトを取り外さなければ交換できないため、難易度が上がります。

ネジ式の場合は、タペットとバルブのすき間をシックネスゲージで測定しながら、ネジを回して適切なクリアランスに調整します（上右図）。ネジ式はクリアランス調整後、ロックナットを締め付けるとクリアランスが小さくなることがあるため作業終了後の再確認を行います。

■バルブクリアランス調整作業のポイント

❶バルブクリアランスの調整は、吸排気バルブが閉じてピストンが上死点にある状態で行います。フライホイールの点火時期調整用合わせマークを合わせておきますが、クランクシャフトをゆっくりと回転させて、吸気バルブが開閉した直後にマークが合った位置が圧縮上死点です（中図）。

❷バルブクリアランスの調整作業は、シリンダーヘッドカバーやサービスホールカバーを取り外して行います。カバーを取り外す際にはエンジン内部にほこりや砂などが入らないように、事前に周辺部をウエスなどで清掃してから行います（下図）。

カバーのパッキンやガスケット類はO（オー）リング状のもの以外は再使用できません。またOリングも伸びや損傷があるものは交換します。

ガスケット取り付け面に液体ガスケットを塗布してある場合は、スクレーパーなどで丁寧にはがします。新品ガスケットを取り付ける際には、液体ガスケット塗布面をブレーキクリーナーなどで脱脂してから塗布します。

※　スペーサー：物と物の間に挟んだり固定したりして使用する特殊器具

シム式の種類

アウターシム式は、特殊工具を使えばカムシャフトを組み付けた状態でもシムの交換ができるため利便性がよい。

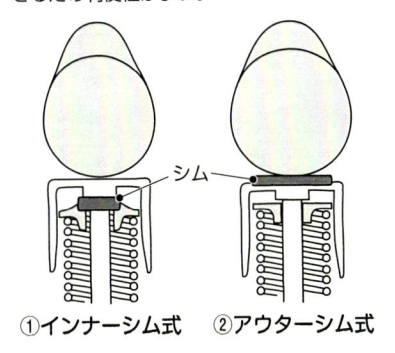

①インナーシム式　②アウターシム式

ネジ式のクリアランス調整

ロッカーアームとバルブのすき間を測定し、ロッカーアーム先端のネジ式のタペットを回転させて調整する。

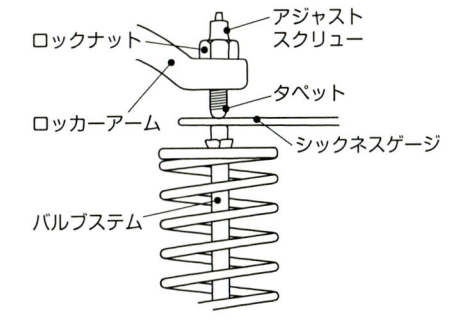

ロックナット
アジャストスクリュー
ロッカーアーム
タペット
シックネスゲージ
バルブステム

クリアランスを測定する前の注意点

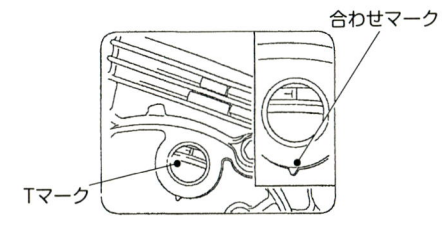

合わせマーク
Tマーク

上死点の位置では、カムシャフトによって吸排気バルブがともに押し上げられて軽く開いた（オーバーラップ）状態になっており、両バルブともバルブクリアランスがまったくない状態になっている。

カムカバーの取り外し

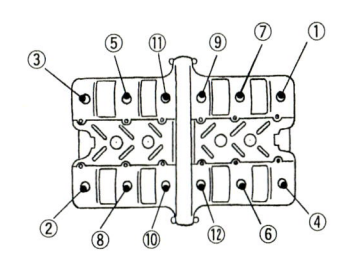

カムカバーの取り外しは、カバー取り付けボルトを対角線上にあるボルト順にカバーの外側から内側に向かって、2、3回に分けて緩める。内側のボルトからいっぺんに緩めると、カバーが歪んで組み付け後のオイル漏れの原因になる。

POINT
◎バルブクリアランスは、定期的なチェックと調整が必要になる
◎バルブクリアランスの調整は、シックネスゲージを用いて行う
◎バルブクリアランスの調整方法は、カムやバルブ部の構造によって異なる

カムシャフトのメンテナンスと交換

1-4 カムの形状によってエンジンの性格が違ってくるため、リフト量の多いハイカムに交換することで吸排気効率のアップを図ることは可能ですが、自ずと限界があります。

■カム山の形状とエンジンの出力特性

バルブの開閉動作や開く量、**オーバーラップ量**は**カム山**の形状によって決まります。このカム山の断面形状を**カムプロフィール**といい、エンジン出力の特性に大きく影響します（上図）。

カム山の断面が台形に近いほどバルブの全開時間が長くなり、山の頂点を鋭角にすれば全開時間は短くなります。またカム山の長径と短径の差が大きいほどバルブのリフト量が大きくなりスムーズに吸排気ができます。このため、高出力エンジンではより多くの混合気を吸入し燃焼ガスを排出するために、バルブの開いている時間をより長く、リフト量を大きくします。

チューニングパーツに**ハイカム**と呼ばれるものがありますが、これは**ハイリフトカムシャフト**の略称で、カム山の長径を大きくし、バルブのリフト量を拡大させています（中図）。

ただし、バルブの最適な開閉タイミングはエンジン回転数によって変化するため、高回転高出力に適したカムプロフィールは低中回転時には扱い難いものになります。

また、高圧縮比のエンジンにハイカムを使用する場合には、**バルブリフト量**が大きいと、ピストンの位置と吸排気バルブの開閉タイミングによっては、バルブとピストンヘッド部が接触してバルブの曲がりや破損などが発生することがあります。このため、ハイカムに交換する場合は、必ずピストン上死点時でのバルブとのすき間を確認するようにします。

■カムシャフトのメンテナンス

カムシャフトは高速で回転するため、潤滑不良などによりシリンダーヘッド軸受部分の摩耗や傷などが発生することがあります。

カムシャフトのメンテナンスは定期的なオイル交換が基本になりますが（下図）、走行距離が過大なエンジンや異音が発生している場合は、カムシャフトを取り外して、カムシャフト本体の曲がりやカムシャフトホルダーとの当たり面の傷の有無、ホルダーとカムシャフトジャーナル部のクリアランス値などを点検する必要があります。

⚙ カムプロフィールとリフト量

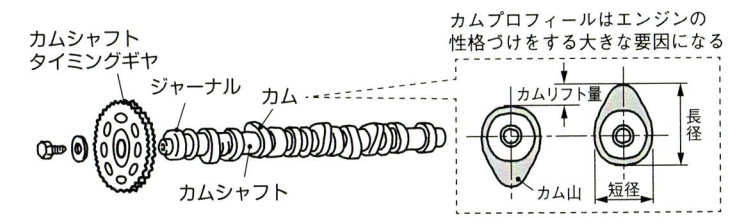

カムシャフト
タイミングギヤ

ジャーナル

カム

カムシャフト

カムプロフィールはエンジンの
性格づけをする大きな要因になる

カムリフト量

長径

カム山　短径

①同じリフト量で作動角が違う場合

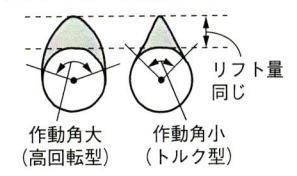

リフト量
同じ

作動角大
（高回転型）

作動角小
（トルク型）

同じリフト量なら作動角の大きいほうが
吸入量は多い

※極端な例を示しています

②同じ作動角でリフト量が違う場合

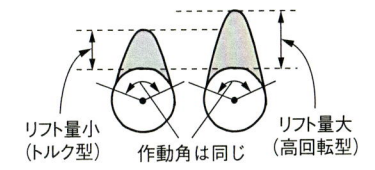

リフト量小
（トルク型）

作動角は同じ

リフト量大
（高回転型）

同じ作動角ならリフト量の大きいほうが
吸入量は多い

⚙ ハイカムの効用

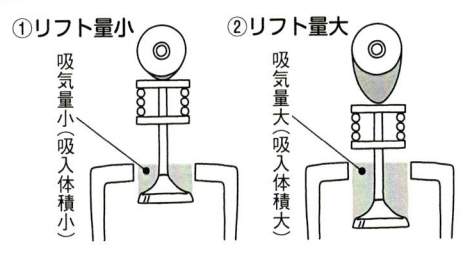

①リフト量小

吸気量小（吸入体積小）

②リフト量大

吸気量大（吸入体積大）

普通のカムはカム山が低いためバルブがゆっくりと小さく開くが、高回転型のハイカムではバルブが速く大きく開くため、吸排気量が多くなる。

⚙ カムシャフトのメンテナンス

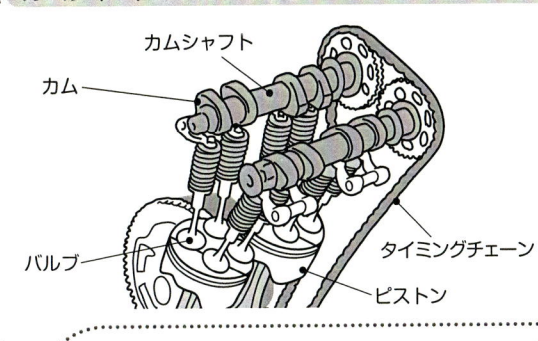

カムシャフト

カム

バルブ

タイミングチェーン

ピストン

カムとカムシャフトはエンジンオイルによって常に潤滑されている。オイルはバルブリフターやバルブシートなどにも流れて熱を奪うはたらきもしているため、定期的なオイル交換が重要になる（13頁下図参照）。

POINT

◎カムプロフィールは、エンジンの出力特性を大きく左右する

◎ハイカムはリフト量が多く、吸排気効率がアップする

◎カムシャフトは高速で回転しているため、定期的なオイル交換が非常に重要

シリンダーヘッドのメンテナンス（その1）

1-5

エンジン最上部に位置するシリンダーヘッドには、吸排気バルブやカムシャフトなどエンジンの性能を左右する重要なパーツがレイアウトされています。

4サイクルエンジンの**シリンダーヘッド**には**吸排気バルブや吸排気ポート**、カムシャフトの軸受け、点火プラグの取り付け穴などが設けられています（上図）。またシリンダー側はバルブとともに**燃焼室**の一部を形成しています。

■シリンダーヘッドのメンテナンス

シリンダーヘッドのメンテナンスは定期的なオイル交換が主になります。

通常の使用であれば不具合が生じることはまずありませんが、過走行やシビアなコンディションでの連続使用、潤滑や冷却の不良、オーバーヒートなどがあった場合は、シリンダーヘッド本体や燃焼室内部などにクラック（ヒビ割れ）やシリンダー合わせ面の歪みなどが発生し、①燃焼室内や外部へのエンジンオイル漏れ、②シリンダーヘッドガスケット部からの混合気の圧縮抜けや燃焼ガスの吹き抜け（下左図）、③水冷式エンジンであればクラックから燃焼室内やエンジン外部に冷却水が漏れだす、などのトラブルが発生することがあります。

シリンダーヘッド合わせ面の歪みは、合わせ面を研磨やフライス盤で切削するなどして修正が可能ですが、シリンダーヘッドの高さが少なくなるため切削後は**シリンダーヘッドガスケット**の厚みを変えるなどの調整が必要です。クラックが発生している場合、溶接などによる補修も不可能ではないですが、基本的にはシリンダーヘッド本体の交換になります。

■バルブステムシールの交換

シリンダーヘッドに取り付けられた吸排気バルブの位置を決める**バルブガイド**と**バルブステム**には、シリンダーヘッドを潤滑するオイルがこの両者のすき間から燃焼室に浸入しないようにオイルシールが取り付けられています。

このオイルシールを**バルブステムシール**といい（下右図）、摩耗や経年劣化による硬化などが原因でオイル漏れが発生します（オイル下がり、78頁参照）。オイルが漏れると燃焼室内で**混合気**と一緒に燃焼するため、排気ガスが白くなったり、点火プラグの電極に大量のスラッジ（粘性の高い汚れ）が付着したりします。

バルブステムシールの交換は**カムシャフト**や**バルブスプリング**を取り外して行う必要があるため、一般には難しい作業になります。

⚙ シリンダーヘッド

シリンダーヘッドには燃焼室が設けられているため、耐熱性、放熱性が求められる。そのため、定期的なオイル交換が重要になる。

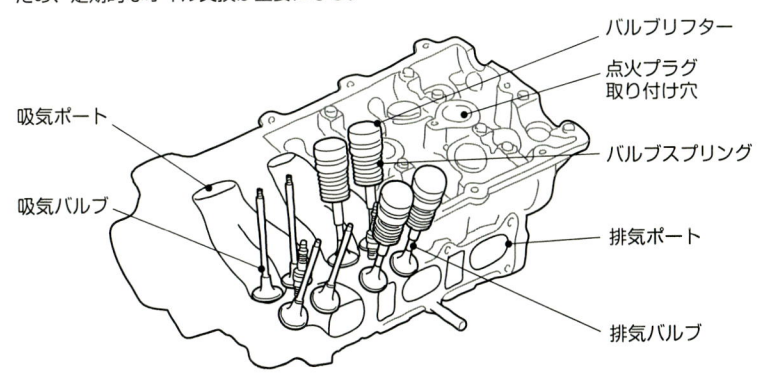

吸気ポート
吸気バルブ

バルブリフター
点火プラグ
取り付け穴
バルブスプリング
排気ポート
排気バルブ

⚙ シリンダーヘッドガスケット

シリンダーヘッドは、シリンダーヘッドガスケットを介してシリンダーブロックとつながっている。

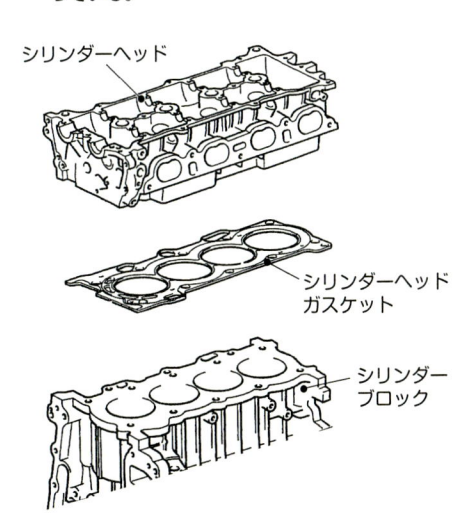

シリンダーヘッド

シリンダーヘッド
ガスケット

シリンダー
ブロック

⚙ バルブステムシール

バルブステムシールは、オイルがバルブガイドとステムのすき間から燃焼室に浸入するのを防いでいる。

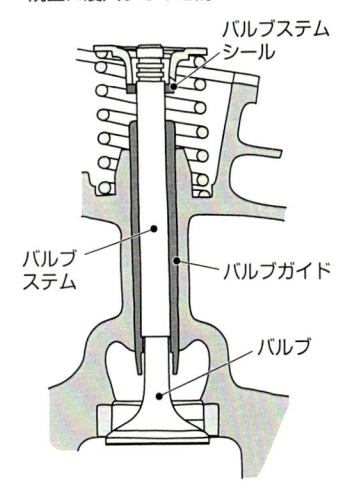

バルブステム
シール

バルブ
ステム

バルブガイド

バルブ

POINT
◎シリンダーヘッドのメンテナンスは、定期的なオイル交換がポイント
◎クラックが発生している場合は、シリンダーヘッド本体を交換する
◎バルブステムシールは、摩耗や経年劣化に注意する

シリンダーヘッドのメンテナンス（その2）

バルブガイドやバルブステムには耐摩耗性が、燃焼室のフタとなっている吸排気バルブとバルブフェースには耐摩耗性とともに高い耐熱性が求められます。

◤バルブガイドの交換

バルブガイドは吸排気バルブの位置決めをするとともに、燃焼ガスにさらされて高温になったバルブの熱をシリンダーヘッドに逃がす役割をします（上図）。バルブガイドやステムはバルブ開閉時に接触し徐々に摩耗します。摩耗が進むとバルブのがたつきが生じたり、すき間から燃焼室にオイルが浸入します。

バルブガイドやバルブステムが摩耗した場合は新品に交換します。バルブガイドは一般的に鋳鉄製ですが、チューニングエンジンではより強度が高く熱伝導率のよいアルミ青銅やリン青銅製のものが使われます。

◤バルブシート、バルブフェースの確認と調整

吸排気バルブは、閉じているときには燃焼室にはめ込まれたバルブシートと密着することで混合ガスや燃焼ガスが吸排気ポートに漏れるのを防ぎます（中左図）。吸排気バルブはカムで圧縮されたバルブスプリングの反力によって閉じるため、アイドリング時など1,200rpm程度でも1秒間に10回の開閉があり、バルブシートやバルブフェースには強い衝撃が加わります。

また燃焼室は燃焼ガスの高温にさらされ続けるため、混合気が薄すぎる場合や過走行のときには、バルブシートやバルブフェースの接触面に段付き摩耗や虫食いなどが発生します（下図）。

バルブシートとバルブフェースの接触する部分は、一般的には位置によって30°、45°、60°の角度がつけられており、摩耗している場合は、専用のカッターを使って切削します（中右図）。摩耗や虫食いがひどい場合は部品交換になります。バルブシートはシリンダーヘッドに圧入されており、交換時にはバルブ、バルブガイドとセットで交換します。これらは高い技術を必要とするのでプロの領域です。

バルブフェースは一般的には45°の角度がつけられており、バルブシートの45°の部分と密着します。バルブフェースに摩耗がある場合は、旋盤などを使って研磨しますが、傷が深い場合は新品のバルブに交換となります。

研磨や交換の場合、バルブシートとの擦り合わせなど特別な作業が必要になるので、専門家に任せます。

バルブガイドとバルブステム

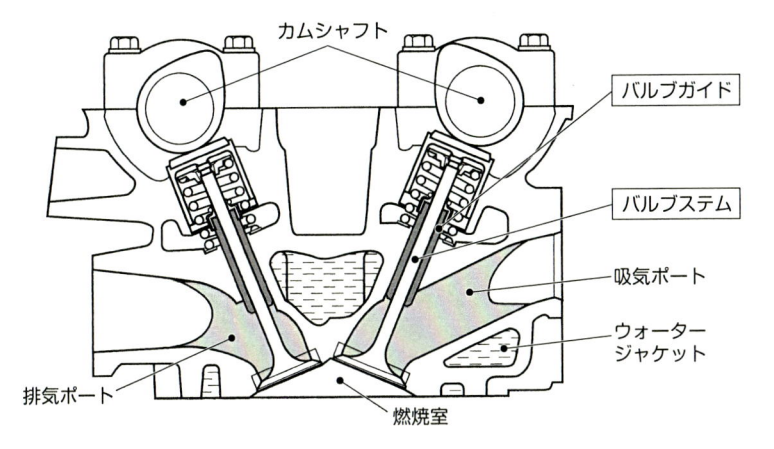

カムシャフト

バルブガイド

バルブステム

吸気ポート

ウォーター
ジャケット

排気ポート

燃焼室

バルブの構造

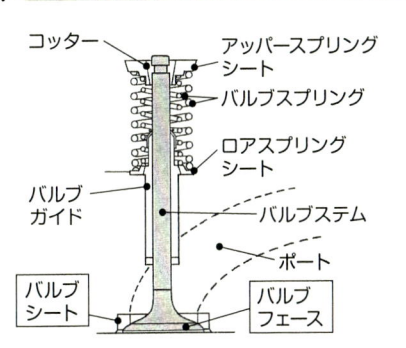

コッター

アッパースプリング
シート

バルブスプリング

ロアスプリング
シート

バルブ
ガイド

バルブステム

ポート

バルブ
シート

バルブ
フェース

バルブシートの角度

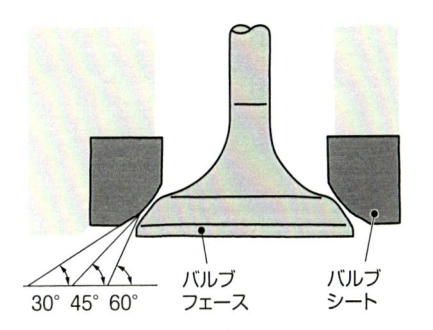

30° 45° 60°

バルブ
フェース

バルブ
シート

バルブフェースの虫食い

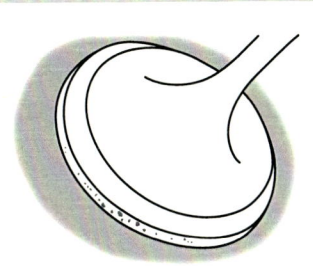

バルブフェースの接触面は高温にな
るため、走行状態の影響などにより
虫食いを発生することがある。

POINT

◎バルブガイドやバルブステムは少しずつ摩耗する
◎バルブシートの摩耗は、専用のカッターで修正する
◎バルブフェースの摩耗は、旋盤などで研磨する

燃焼室の形状と高圧縮化

圧縮比を上げることでパワーアップは可能ですが、そのためには燃焼室容積を減らす必要があります。また、圧縮比を高くしすぎると、ノッキングなどエンジンにとって深刻な不具合が生じる可能性があります。

エンジンの性能を左右するポイントに**圧縮比**があります。これは、シリンダー内に吸入された**混合気**が、**上死点**でどの程度圧縮されたかを示しています（上図）。基本的に、圧縮比が高いほど混合気は効率よく燃焼し、より大きな出力が得られます。

◤燃焼室の形状と燃焼効率

燃焼室とは、ピストンが上死点に達したとき**シリンダーヘッド**内部にできる空間のことで（中図）、できるだけコンパクトな形になるようにピストンヘッドの形状や点火プラグ、吸排気バルブの配置を工夫して圧縮比を高めています。燃焼室の理想的な形状は、2サイクルエンジンの燃焼室のように半円形を基本に容積を小さくしたものになります（中図右）。

高圧縮化により燃焼効率が高まる理由としては、①燃焼室をコンパクトにすると、混合気に着火して完全燃焼するまでの時間が短くなる、②混合気が一気に燃焼することでより強い圧力を発生させることができる、などがあります。

また燃焼によって発生するエネルギーのうち、エンジンの動力として取り出せるのは35%程度で、残りの65%は排気ガスやエンジン本体に蓄熱されたりしますが、燃焼室がコンパクトになると表面積が減ることで燃焼室周辺部へ熱となって逃げるエネルギーを減少させることができます。

◤高圧縮化の方法と影響

高圧縮化を実現するためには、**燃焼室容積**を減らして圧縮比を高めますが、4サイクルエンジンでは、構造上バルブの配置を変えるなどシリンダーヘッド側の燃焼室の形状変更は難しいため、

・シリンダーとの合わせ面の面出し研磨やガスケット類の交換による高さ調整
・ピストンヘッド部の形状変更

などによって一般的な4サイクルエンジンの圧縮比＝10〜11を12〜13程度まで高圧縮化しています。

ただし圧縮比を高くしすぎると、点火する前に圧縮されて高温になった混合気が自然着火する**ノッキング**を発生します。この状態が続くとシリンダーヘッドの燃焼室面やピストンヘッド面の溶融、焼き付きなどの不具合が発生します（下図）。

⚙ 圧縮比

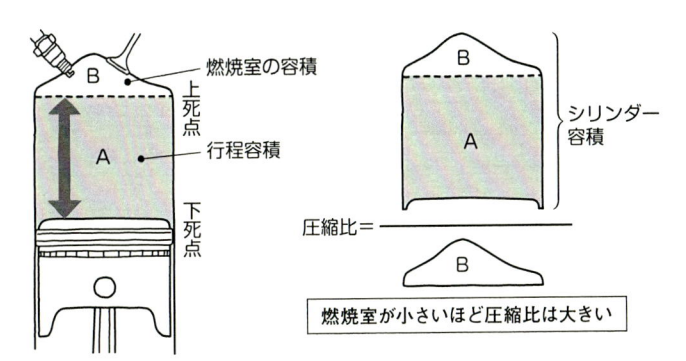

燃焼室の容積
上死点
行程容積
下死点

シリンダー容積

圧縮比＝

燃焼室が小さいほど圧縮比は大きい

⚙ 燃焼室

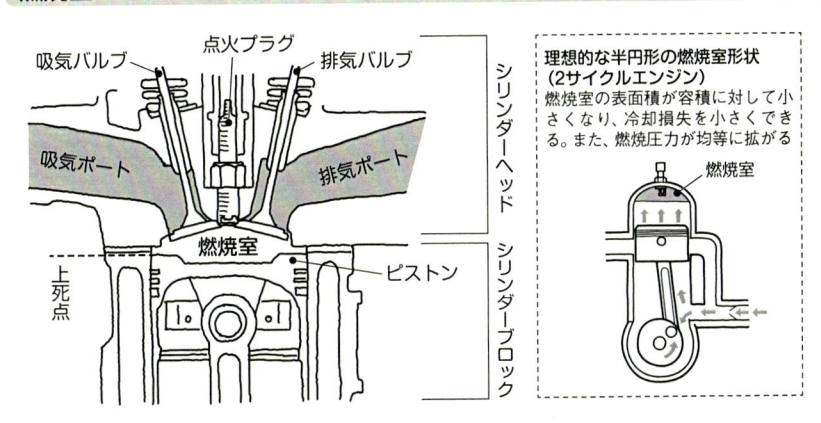

吸気バルブ　点火プラグ　排気バルブ
吸気ポート　排気ポート
燃焼室
上死点　ピストン
シリンダーヘッド　シリンダーブロック

理想的な半円形の燃焼室形状
（2サイクルエンジン）
燃焼室の表面積が容積に対して小さくなり、冷却損失を小さくできる。また、燃焼圧力が均等に拡がる
燃焼室

⚙ ノッキングの発生

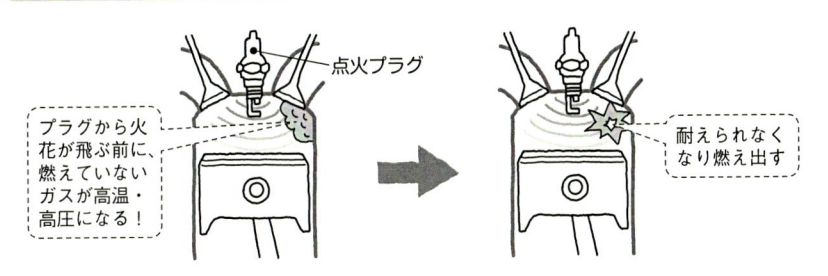

点火プラグ

プラグから火花が飛ぶ前に、燃えていないガスが高温・高圧になる！

耐えられなくなり燃え出す

POINT
◎圧縮比を高くすると燃焼効率が増し、高出力になる
◎高度なチューニングにより燃焼室容積を減らし、高圧縮化を図る
◎圧縮比を上げすぎるとノッキングが発生し、エンジンにダメージを与える

排気量をアップする方法

1-8

排気量をアップするには、ボア（内径）かストローク（行程）を大きくする必要があります。そのための手段はいくつか考えられますが、一般的なのはボアアップキットを用いる方法です。

シリンダーの**内径（ボア）**とピストンの移動量（**ストローク**）の比をボアストローク比といいます。ストロークよりもボアが大きいものを**ショートストローク**、ボアが小さいものを**ロングストローク**、ボアとストロークが同じもの**スクエア**と呼び、基本的な特性としてショートストロークは高回転高出力型、ロングストロークは低中速重視のトルク重視型になります（上図）。

◾ボアアップキットによるボアの拡大

エンジンの**総排気量**は、行程容積（**排気量**）×シリンダー数となるため、総排気量を大きくするには、ボアかストロークを拡大して**行程容積**を増やす必要があります。一般的なのはボアアップキットによるボアの拡大です。

ボアアップキットには、シリンダー、ピストン、ピストンリング、ガスケット類などがセットされていて、工具類がそろっていれば自分で交換することもできますが、プロに作業してもらうのが無難です。また、ピストン関連部品とガスケット類がセットになったピストンキットもありますが、この場合はピストン径に合わせたシリンダーのボーリング加工が必要です。**ボアアップ**した場合は排気量も大きくなるため、陸運支局への届け出が必要になる場合もあります。また、拡大した排気量に応じて税金や免許の種類も変更になる場合もあるので注意が必要です（下図）。

◾シリンダーのボアアップ

シリンダーが摩耗したり傷ついた場合にも、内面を削って（ボーリング加工）再生することができます。このとき、ボアは加工前に比べて削った分だけ大きくなるので、オーバーサイズのピストンが必要になります。

ただし、過度なボーリングはシリンダー内壁の厚みが薄くなり強度が低下するため、シリンダーに歪みや破損が発生します。またシリンダー内壁に特殊なメッキ（ニカジルメッキなど）を施している場合は、ボーリングすることでメッキ層が切削されるため再メッキが必要になります。シリンダーのボーリング作業はエンジンを分解して行いますが、シリンダーヘッドの取り付け状態と取り外し状態では微妙にシリンダー内径寸法に狂いが発生するため、上下にプレートを取り付けて加工することで、精度を高める方法もあります。これらは、専門店に依頼するのが安全です。

⚙ ボア、ストロークとエンジンの性格

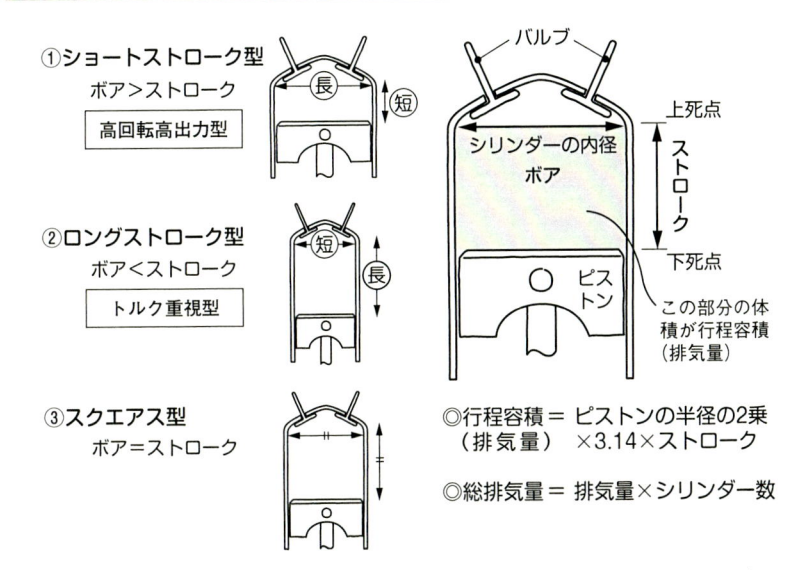

①ショートストローク型
ボア>ストローク
高回転高出力型

②ロングストローク型
ボア<ストローク
トルク重視型

③スクエアス型
ボア=ストローク

バルブ

上死点
シリンダーの内径
ボア
ストローク
下死点
ピストン
この部分の体積が行程容積（排気量）

◎行程容積＝ ピストンの半径の2乗
（排気量）　×3.14×ストローク

◎総排気量＝ 排気量×シリンダー数

⚙ ボアアップの注意点

ボアアップ＝シリンダーのボアとピストン径を大きくして排気量アップを図る

《メカニズム的なこと》
●増大した排気量に応じた燃料供給をする必要あり
　→インジェクターやキャブレターの交換や調整
●動力伝達系に伝わるストレスも増大
　→ブレーキや駆動系の調整、クラッチの強化など
●定期的なメンテナンスがとても重要

BORE
UP
!

《手続き的なこと》
ボアアップによって251cc以上になる場合は、構造変更申請と車検をパスすることが必要。250cc以下の場合でも、地方自治体に改造申請書を提出する。また、原付一種（50cc以下）、原付二種（51cc〜125cc）、126cc〜400ccでは免許が違う点にも注意

POINT
◎排気量をアップするには、ボアかストロークを大きくする
◎ボアアップキットによる排気量拡大が一般的
◎排気量を大きくしたら、法律的な手続きなどが必要になる

エンジンチューニングと燃料

1-9

圧縮比を高くしすぎると、ノッキングや異常燃焼が起こることがあります。これは、オクタン価の高いハイオクガソリンを使用することである程度抑えることが可能です。

22頁で**ノッキング**について説明しましたが、**圧縮比**を高くしすぎると、異常燃焼によりエンジンが破損してしまうことがあります。

混合気の異常燃焼に対しては、**オクタン価**（アンチノック性）の高い**ハイオクガソリン（プレミアムガソリン）**を使用することでノッキングをある程度抑えることができます。

◢ガソリンの種類とオクタン価

4サイクルエンジンのスポーツバイクにはハイオクガソリンの使用が指定されていることがあります。JIS品質規格（JIS K 2202）では、一般的なレギュラーガソリンでオクタン価が89以上、ハイオクガソリンが96以上と定められており、一般的なガソリンスタンドで販売されているオクタン価はレギュラーガソリンが90以上、ハイオクガソリンが98〜100になっています（上図）。

ハイオク仕様の市販車にレギュラーガソリンを使用した場合、最新のバイクは燃料供給装置や点火装置が電子制御化されており、センサーからの各種情報をもとに点火時期や燃料の供給量を自動調整するため、性能は多少低下しますがエンジンが壊れるといったことにはなりません。

ただし、高度なチューニングを施したバイクでは、オクタン価の低い燃料を使用することでエンジンの不調やピストンなどの破損が発生することもあります。

◢高圧縮化によるノッキング対策

市販状態のエンジンではあまり問題になりませんが、チューニングしたエンジンの異常燃焼は、最悪の場合エンジンそのものが壊れてしまいます。対策としては**点火時期**の調整や圧縮比の見直し、ピストンヘッド部の形状変更などがありますが、いちばん簡単な対策が、オクタン価の高いガソリンを使用することです（下図）。

特にレース用など高度なチューニングを行っているエンジンでは、オクタン価の高い燃料の使用は非常に有効です。このためエンジン仕様に応じてオクタン価110前後のレース専用ガソリン（価格は市販品の約10倍）を使用したり通常のハイオクガソリンと混合して使用します。またレース用ガソリンは含有酸素量を増やすことで、一旦着火したらより燃焼しやすい特性なども持たせています。

⚙ 各国のオクタン価の違い

オクタン価は、ノッキングなどの起こりにくさ(アンチノック性)を表している。数値が大きいほど自然発火しにくく、したがってノッキングが発生しにくくなる。ハイオク指定は高圧縮比のエンジンに多く、レギュラー仕様のエンジンに使用してもメリットはない。逆にハイオク仕様のエンジンにレギュラーガソリンを入れても動かないことはないが、性能は発揮しにくくなる。表を見てもわかるように、日本と欧米のオクタン価は異なっていて、欧米ではオクタン価95が標準となっている。このため、輸入バイクではハイオク指定となっている。

数値はリサーチ・オクタン価(RON)

国	レギュラー	レギュラー(ミッドグレード)	ハイオク(プレミアム)
日本	90	―	100
欧州	91	95	98
米国	92	94	96

大 ← ノッキングの起こりやすさ → 小

⚙ チューニングしたエンジンの異常燃焼対策

チューニングしたエンジンが、高圧縮比が要因で異常燃焼する場合、その対策としては下の①から⑤などが考えられるが、この中でいちばん手間がかからないのが、オクタン価が高いガソリンを使用すること。燃焼室周辺の冷却能力の向上や燃焼室の形状変更も考えられるが、これらは大がかりな加工と高度な技術・知識が必要になるため、実際には難しい。

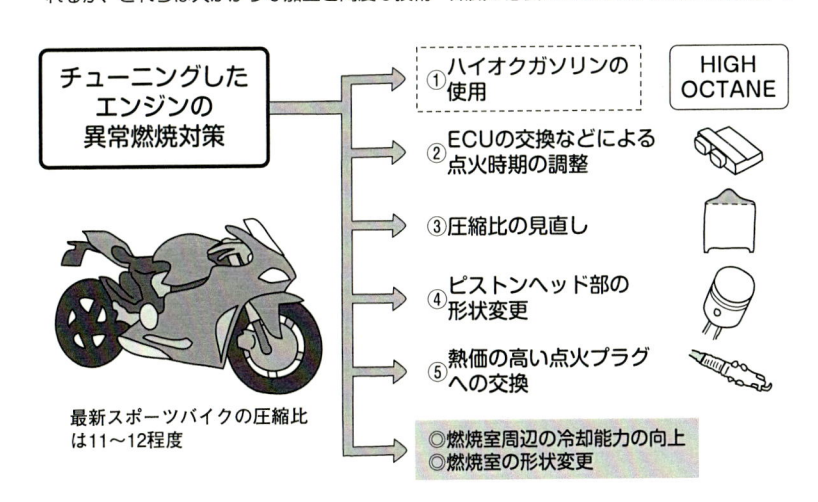

チューニングした
エンジンの
異常燃焼対策

①ハイオクガソリンの使用

HIGH OCTANE

②ECUの交換などによる点火時期の調整

③圧縮比の見直し

④ピストンヘッド部の形状変更

⑤熱価の高い点火プラグへの交換

◎燃焼室周辺の冷却能力の向上
◎燃焼室の形状変更

最新スポーツバイクの圧縮比は11～12程度

POINT
◎オクタン価が高いほどノッキングや異常燃焼は起こりにくくなる
◎チューニングエンジンでは、ハイオクガソリンの使用が異常燃焼対策として有効。点火時期調整やピストンヘッド部の形状変更などの方法もある

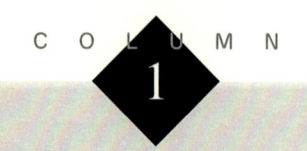

エンジン本体
のチューニング

　エンジンチューニングは、基本的にエンジンの出力向上が目的になります。出力を向上させるためには、より多くの混合気をシリンダーに吸入し、効率よく燃焼させ、その燃焼エネルギーをできるだけ多く動力として取り出す必要があります。たくさんの混合気を吸入するためには、大口径キャブレターやカムシャフト、マフラー交換などによる充填効率の向上が基本になります。ただし吸排気系のチューニングは、エンジン回転数によってその効果が変化するため、どのようなエンジン特性を求めるのかを考えてチューニングをしなければ、本来の目的とは異なる結果になってしまいます。

　エンジン回転数に左右されずに出力を向上させるもっとも単純な手段が、排気量アップです。また排気量アップと同等の効果を期待できるのがターボやスーパーチャージャーといった過給器による加圧吸入です。RAM圧システムも走行風による加圧になります。過給器では、およそ1.5倍程度に加圧されており、単純計算で排気量1,000ccで1,500ccと同等の混合気を吸入できます。ただし、出力が大きく向上すると、エンジン各部が耐えきれずに破損する可能性もあり、チューニングの際には、各部の強度も十分に考慮する必要があります。

　出力は発生トルク×回転数であるため、エンジン内部の抵抗軽減による高回転化も大きな効果があります。もっとも簡単な軽減策は、エンジンオイルの低粘度化です。粘度が低いと撹拌抵抗や摩擦抵抗が減少します。また回転部品のバランス取りやボルトやナット類の締め付けトルクの管理を行うことで回転抵抗を低減できます。

　そのほか、ピストンが下死点に移動するときにクランクケース内部の気体を圧縮して損失が発生するため、シリンダー間に通気口を設けたり、PCVバルブ（クランクケース内圧コントロールバルブ）によってケースから排出されたガスが戻らないようにし、クランクケース内の圧力上昇を抑えるなどします。

第2章

エンジン補機類編

The chapter of
engine auxiliary machinery

吸気装置の役割

空気を供給する吸気装置は、吸入空気のろ過などを行うエアクリーナー、混合気をつくる燃料供給装置などで構成されています。燃料供給装置の主流は、電子制御式フューエルインジェクションです。

　吸気装置は、エンジンが吸入する空気を外部から取り入れてゴミやほこりなどの不純物を除去するとともに、エンジンで熱せられていない空気を**エアクリーナーボックス**内に供給することで**混合気**の充填効率を高めています。また、エアクリーナーボックスに溜めた空気を吸入することで、天候や標高などによる気圧の変化にも対応しやすくなっています（上図）。

　燃料供給装置はエンジンの状況に応じてガソリンと空気を適切な濃度に調整しており、キャブレター式と燃料噴射式があります。

　最近では、環境規制への対応や低燃費化をねらい、排気ガス中の有害成分の抑制やガソリン供給量のより細かな制御が可能な電子制御式燃料噴射装置が主流になっています。

■キャブレター、燃料噴射装置の基本構造

　キャブレターの基本構造は下図①のようになっています。空気の通路に一部が狭くなる**ベンチュリ**と呼ばれる部分を設けて、吸入した空気がここを通過するときに流速が上がり、周辺部分に負圧を発生させて燃料を供給しています。

　ただし、ベンチュリ部は高回転時には吸入抵抗となります。そのため、1,000 rpm前後のアイドリングから20,000 rpm前後の最高回転数まで幅広い回転域を使用するバイクでは、アクセル操作などによってベンチュリ部の径が変化する可変ベンチュリ型を使用しています。

　一方燃料噴射装置は、ポンプを使って加圧したガソリンを**インジェクター**と呼ばれるノズルから**吸気ポート**に噴射します（下図②）。この噴射の制御方法は機械式と電子制御式に分けられますが、バイクでは全て電子制御式になっています。

　電子制御式燃料噴射装置（電子制御式フューエルインジェクション、以下**フューエルインジェクション**）は、センサーを使って収集したアクセル開度、吸入負圧、エンジン回転数、エンジン温度などのデータを**ECU**（**エレクトロニック・コントロール・ユニット**）で解析し、最適な**燃料噴射量**を決定します。また、点火時期もコントロールしているため、キャブレターに比べると気圧の変化やエンジンの状態に対して非常に精密な燃料供給量の制御が可能です。

⚙ 吸気装置の構成

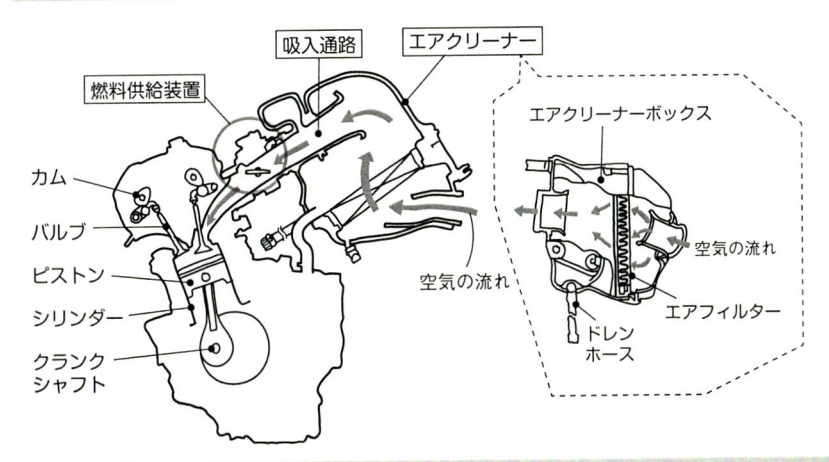

エアクリーナー

吸入通路

燃料供給装置

エアクリーナーボックス

カム

バルブ

ピストン

シリンダー

クランクシャフト

空気の流れ

空気の流れ

エアフィルター

ドレンホース

⚙ キャブレター、燃料噴射装置の基本的な考え方

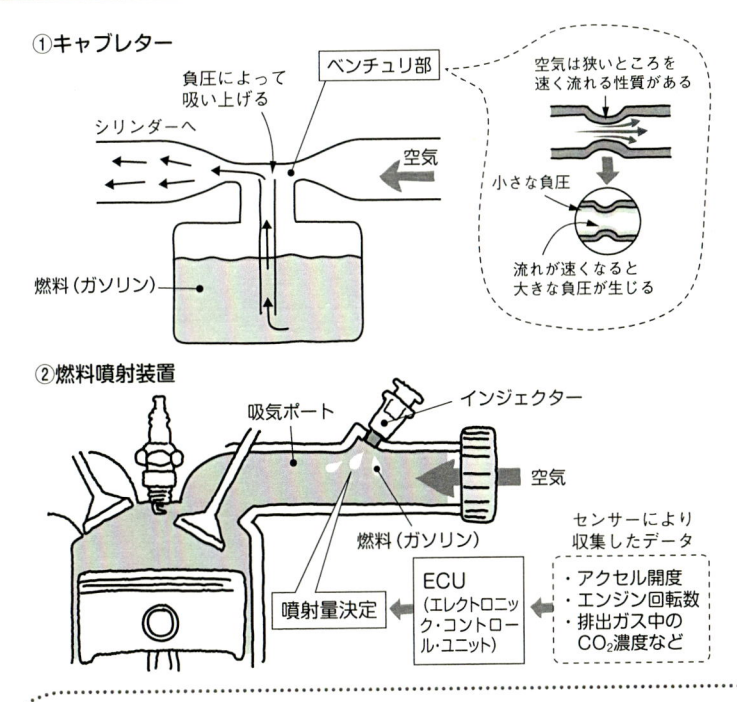

①キャブレター

負圧によって吸い上げる

ベンチュリ部

シリンダーへ

空気

燃料（ガソリン）

空気は狭いところを速く流れる性質がある

小さな負圧

流れが速くなると大きな負圧が生じる

②燃料噴射装置

吸気ポート

インジェクター

空気

燃料（ガソリン）

噴射量決定

ECU（エレクトロニック・コントロール・ユニット）

センサーにより収集したデータ

・アクセル開度
・エンジン回転数
・排出ガス中のCO_2濃度など

POINT
◎吸気装置は、エアクリーナー、吸入通路、燃料供給装置で構成されている
◎キャブレターは、負圧を利用して燃料を供給する
◎フューエルインジェクションは、燃料をインジェクターから直接噴射している

フューエルインジェクションの概要

1-2 フューエルインジェクションは、センサー類から送られてくるさまざまな情報から燃料の噴射量(時間)と噴射タイミングを決め、インジェクターから噴射しています。

フューエルインジェクションは、燃料を加圧するフューエルポンプ、その圧力を一定に保つプレッシャーレギュレーター、センサー類、燃料の噴射量を決めるコンピューター＝ECU（エレクトロニック・コントロール・ユニット）、インジェクターなどで構成されています（上図）。

■噴射量調整の方法

燃料の噴射量を決定するためには、エンジンが吸入する空気量を把握する必要があります。その方法には、アクセル開度とエンジン回転数をもとにするスロットルスピード式と、吸入空気圧とエンジン回転数をもとにするスピードデンシティ式があります。

一般的には、アクセルの低開度域ではスピードデンシティ式、高開度領域ではスロットルスピード式のほうが計量精度が高いため、バイクのフューエルインジェクションの多くは両方を併用しています。

フューエルインジェクションは、このほかにエンジン温センサーや吸気温度センサー、排出ガス中の酸素濃度から混合気の空燃比を調整するためのO_2センサー、水温・油温センサーなどからの情報を把握したうえで噴射量を調整しています（下図）。

■フューエルポンプからインジェクターへ

燃料は、フューエルポンプで250kPa～300kPa程度に加圧されて供給されます。フューエルポンプは通常タンク内部に取り付けられますが、外部に設置するタイプもあります。また、噴射量は燃料の圧力によって変化するため、プレッシャーレギュレーターでその変動を調整しています。

燃料は、最終的にエンジンの吸入タイミングに合わせてインジェクターから吸気ポートに直接噴射されます。インジェクターのノズル先端には燃料を噴射する穴が開いているため（4穴式や12穴式などがある）、霧化しやすくエンジン内部での着火性もよくなります。

エンジンの吸入空気量は、アクセルと連動する**スロットルバルブ**を開閉することで制御します。通常、スロットルバルブはインジェクターやスロットルセンサー、吸気温度センサーなどとともに一体化されています。

⚙ フューエルインジェクションの構成

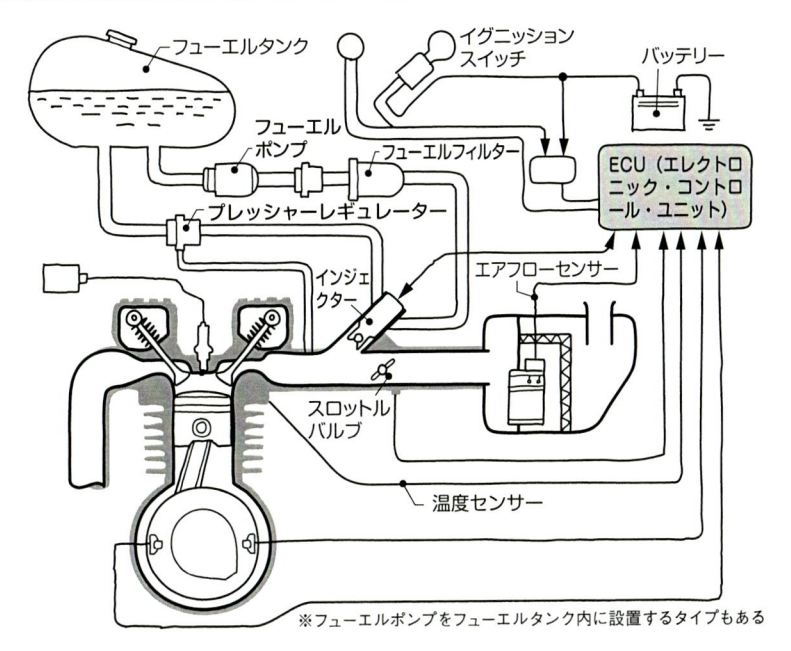

※フューエルポンプをフューエルタンク内に設置するタイプもある

⚙ フューエルインジェクションのセンサー類

混合気の濃度は、エンジン回転数、アクセル開度、空気の吸入量、気圧、排気ガス中の酸素濃度などをセンサーで検知し、ECUが燃料の噴射時間を制御して調整している。

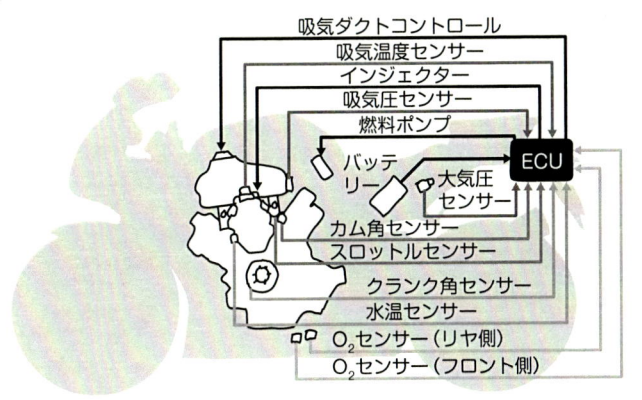

POINT

◎フューエルインジェクションは、センサーとECUによってバイクの状況や混合気の燃焼状態を正確に把握している
◎状況に応じて燃料の噴射時間を細かく制御し、最適な混合気を供給している

吸気抵抗の低減と吸入効率の向上

吸気システムにおいて、密度の高い新鮮な空気を取り込むことや、吸気管の長さをエンジン回転に合わせてコントロールできることは、効率という意味でメリットがあります。

吸気装置の抵抗が大きいと**充填効率**が低下します。すると、必要となる空気量を吸入することができず、エンジンの持つ本来の出力が十分に発揮できなくなります。わが国を含め最高出力や最高速度を規制している場合、その多くは吸気経路を絞って吸入空気量を減らし、出力を抑えることで対応しています（排気経路を絞ることもある）。

■ラムエアシステムによる充填効率アップ

以前のロードレース用エンジンでは、**吸気抵抗**をできるだけ抑えるために**エアクリーナー**をケースごと取り外し、キャブレターを大気開放することで吸気抵抗を低減させていました。現在は、エアクリーナーケース（エアクリーナーボックス）に走行風を直接導いてケース内の空気を加圧する**ラムエアシステム**によって、吸入空気量を増やしています。

ラムエアシステムは、カウルの前面などから温度の低い空気を導入し、ダクトによってエアクリーナーに供給するとともに、吸入系統全体を冷却して吸入空気の充填効率を高めています（上図）。

空気の温度が低いと密度が高くなるため、高温時と同じ量を吸入しても酸素量が増加し、充填効率が高くなり燃焼力も向上します。

■吸入効率を向上させるシステム

混合気の吸気抵抗を小さくするには、吸気ポート（通路）の曲がりが少なく、断面積は吸気バルブ方向に向かって徐々に狭くなるテーパー状がよいとされています。一方排気ポートは、排気バルブからエキゾーストマニホールド方向に向かって徐々に広くなるほうが排気効率がよいとされています。

また、吸気ポートの形状や長さはエンジン出力にも影響し、その距離が長くなれば低・中回転向き、短くなれば高回転向きになることから、ファンネル（吸気用ダクト）の形状を変えることで出力特性を調整することができます。

このためスポーツバイクでは、シリンダーを前傾させて吸気ポートの曲がりを少なくするとともに、エアクリーナーボックス内に設けられたファンネルの長さをモーターによって可変させる構造のもの（**可変吸気システム**）があります（下図）。

⚙ ラムエアシステムの例

空気は、温度が高くなると膨張するため密度が低くなる。密度が低くなると、ガソリンの燃焼に必要となる酸素量も減少して燃焼力が低下する。

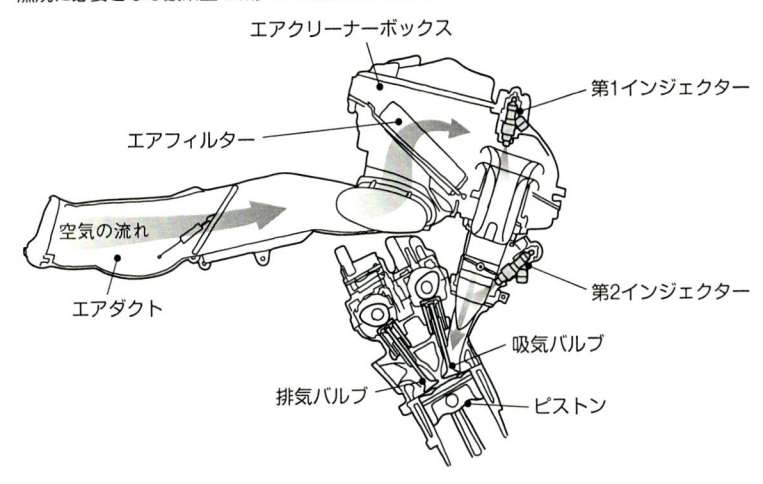

⚙ 可変吸気システムの例

エンジン回転が低・中回転域の場合、吸気管長は長いほうがいいので分割式のエアファンネルの上下をつなげて長い状態とする。逆に高回転域になると、空気の吸入速度が高まるためその長さが抵抗となる。そこでモーターによって上下を分割し、短い状態にする。エンジン回転数によってエアファンネルの長さを調整することで最適な吸気管長として、低・中回転域、高回転域の両方で高い吸気効率を得ている。

低回転時には
上下をつなぎ、
高回転時には
分割する

POINT
◎ラムエアシステムは新鮮な空気によって吸気系統を冷却し、充填効率を高める
◎可変吸気システムは、エアファンネルの長さをコントロールして低・中回転域、高回転域の両方に対応している

エアフィルターの種類とチューニング

エンジンはガソリンと空気を混合させて、燃焼させることで動力を得ています。この空気をきれいにする役割を担っているのがエアフィルターです。

エンジンに送られる空気は、**エアクリーナー**によってゴミやほこりなどの異物を除去しています。これら異物を取り除いて空気をろ過しているのが**エアフィルター**（エアエレメント）です。このエアフィルターには湿式、乾式、ビスカス式の3種類があります。

■湿式、乾式、ビスカス式の特徴

湿式はスポンジ（ウレタンフォーム）にオイルを浸み込ませたもので、空気がスポンジを通過するとゴミやほこりなどはオイルに吸着されます。スポンジは目の粗さが異なる二層構造になっており、効率的に空気をろ過できるようにしています。ほこりや細かいちり、水分のろ過に効果を発揮し、軽量化も図れることなどから、未舗装路を走行するオフロードバイクに適しているといわれています（上図①）。

乾式は、ろ紙または不織布を山谷の大きい波目状に折り込むことで表面積を増やしてろ過効率を高めています。ろ紙は目の粗さが異なる二層式で、裏面部分に目の細かい層を配置して小さな異物も取り除けるようにしています。通気抵抗が少ないことなどから、オンロードタイプによく用いられています（上図②）。

ビスカス式はろ紙にオイルを含浸させたもので、このオイルにほこりなどを吸着させています。表面積を稼ぐために波目状に折り込まれているのは乾式と同じです。通気抵抗が少なくメンテナンスフリーが強みです（上図③）。

■エアフィルターのチューニング

エアフィルターはフィルター自体が**吸入抵抗**になっています。吸入抵抗は少ないほど混合気の充填効率は高まります。ただフィルターを取り外すと、ゴミの吸入などによりエンジンに不具合が発生しかねません。そのため、集塵効率を維持しながらより高い吸気効率をねらったエアフィルターもあります。コットン製の不織布にオイルを浸透させた湿式タイプのものが一般的で、純正交換用のリプレイスモデルやエアクリーナーボックスを外して装着するカスタムタイプなどが見受けられます。

カスタムタイプは吸気抵抗を減らすことで出力やトルクの向上、エンジン特性の改善をねらっています（下図）。これを装着した場合、吸気効率の向上を受けて吸入空気量が増加するため、キャブレターのセッティングが必要になります。

✿ エアフィルターの種類

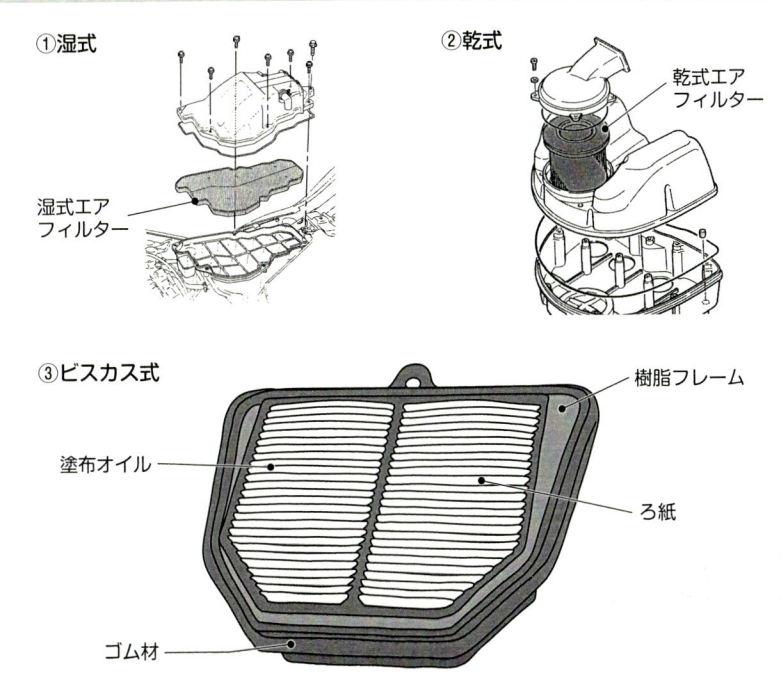

①湿式

湿式エア
フィルター

②乾式

乾式エア
フィルター

③ビスカス式

樹脂フレーム

塗布オイル

ろ紙

ゴム材

✿ 低抵抗型エアフィルターの例

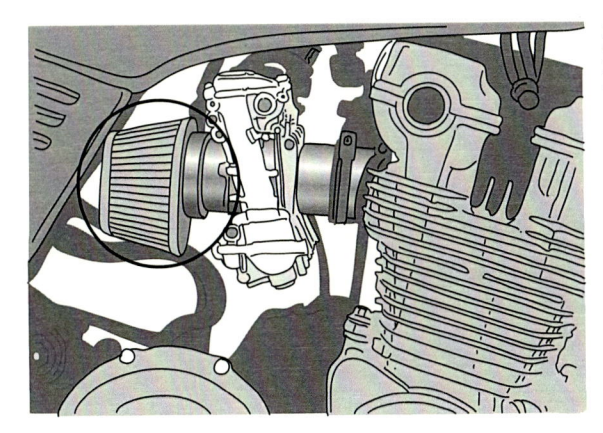

エアフィルターボックス
スを外して装着するカ
スタムタイプの例。

POINT

◎エアフィルターには湿式、乾式、ビスカス式の3種類がある
◎二重構造やオイルの含浸によって集塵効率を高めている
◎純正品以外の低抵抗型のエアフィルターもある

エアクリーナーのメンテナンス

1-5 エアフィルターは3種類あり、それぞれに特徴があります。メンテナンスも種類に応じてやり方は異なっています。エアクリーナーボックスを定期的に点検することもメンテナンスのひとつです。

長期間使用しているとエアフィルターは汚れてきます。汚れが蓄積すると吸気抵抗が増大して混合気は濃くなり、エンジンが吸い込む空気と燃料のバランスがくずれてエンジンの不調を招くことになります。そうなると、出力に悪影響を及ぼすほか、燃費の悪化やアクセラレーションの低下などを引き起こします。これらを防ぐため定期的に点検・掃除し、場合によっては交換する必要があります。

■定期的に点検して汚れ具合を把握する

メンテナンスの方法はフィルターの種類によって異なります。湿式の場合は洗浄できるため、フィルターの素材が劣化するまで繰り返して使用できます（上図）。洗浄方法は、ウレタンフォームを灯油（ガソリンは素材本体を痛めるので不可）などの洗い油で洗浄して汚れを落とした後、エンジンオイルや専用オイルを染み込ませ、フィルターに洗い油の成分がなくなるまで浸透と押し出しを繰り返します。

乾式の場合は、フィルターの表面に付着したゴミやほこりなどをフィルターの内側から外側へ向けて高圧の空気で吹き飛ばします。メーカーが指定する走行距離ごとに点検・清掃し、汚れが目立つ場合や、メーカーが推奨する距離を走行したら交換します。ただエアによる清掃でフィルターの繊維が荒れてしまうことなどから、清掃せずに交換を推奨しているメーカーもあります。

ビスカス式の場合は、基本的に清掃ができないため汚れ具合を確認して新品に交換します。ろ紙に浸み込ませたオイルが異物をしっかり吸着するため、清掃しても異物を完全に除去できないからです。

エアフィルターの清掃・交換時期は種類や排気量、使用状況などによって異なりますので、サービスマニュアルなどによって確認してください。

■エアクリーナーボックスも点検・清掃が必要

エアクリーナーボックスには水分や油分を排出するためのドレンが設けられています。ブローバイガスをエアクリーナーボックスに戻すようにしているため、排ガスに含まれている未燃焼ガスに混ざったオイル分がケース内に溜まることがあるからです。水やオイルが溜まっていないか確認するとともに、必要に応じて清掃します。清掃後はドレンプラグをしっかり閉めて空気が入らないようにします（下図）。

⚙ エアフィルターの清掃

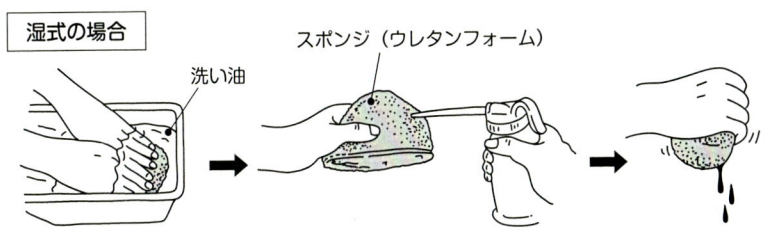

湿式の場合

洗い油

スポンジ（ウレタンフォーム）

①灯油などの洗い油でウレ
タンフォームを洗浄する

②オイル（エンジンオイル
など）を染み込ませる

③浸透と押し出しを繰
り返す（洗い油の成
分がなくなるまで）

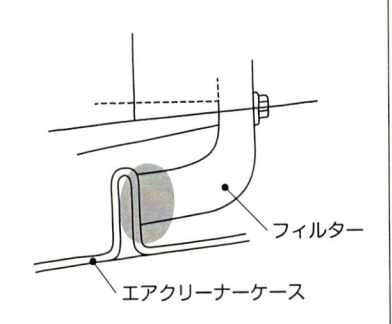

フィルター

エアクリーナーケース

ほこりの多い場所を走る場合は、フィ
ルター取り付け時にフィルターとクリ
ーナーケースの接触面にシリコングリ
スを塗布する

乾式の場合

フィルター表面に付いたゴミやほこり
などを、フィルター内側から外側に向
かって圧縮空気で吹き飛ばす

⚙ エアクリーナーボックスの構造

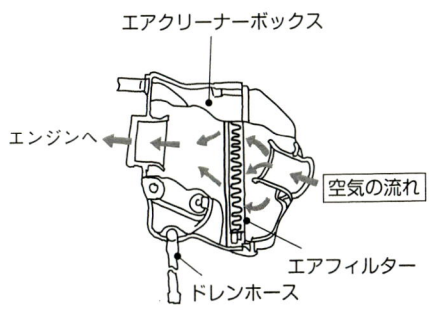

エアクリーナーボックス

エンジンへ

空気の流れ

エアフィルター

ドレンホース

空気はエアクリーナーでろ過され
てからエンジンに送られる。
その途中にドレンがある。ボッ
クス内に溜まった水や油分はこ
こから抜く。汚れが目立つよう
なら、エアクリーナーボックス
を取り出して掃除する。

POINT
◎乾式と湿式は清掃して再利用が可能
◎ビスカス式はメンテナンスフリーだが、清掃はできない
◎フィルターだけでなく、エアクリーナーボックスも点検・掃除が必要

キャブレターの構造とメンテナンス

燃料の気化装置であるキャブレターは今でも根強い人気があります
が、性能を維持・発揮させるためには構造を正しく理解して適切なメ
ンテナンスをしなければなりません。

■キャブレターの基本構造

キャブレターは、シリンダーに吸入される空気がベンチュリ部を通過するときに
発生する強い負圧によって、キャブレターのフロートチャンバー（室）に溜めた燃
料を吸い上げることで混合気をつくります。

1,000rpm前後のアイドリング状態から最高回転数が20,000rpm前後になるバイ
クのキャブレターは、アクセル開度に応じてベンチュリ部の径（開口面積）が変化
する可変ベンチュリ式を採用しています。可変ベンチュリ式には、アクセルワイヤ
ーに連結されたスロットルバルブの動きによるエンジンの吸入負圧の変化に合わせ
てピストンバルブが開閉してベンチュリ径を変化させるCV型と、アクセルワイヤ
ーが直接ピストンバルブを開閉するVM型があります（上図、中図）。燃料の供給量は、
ベンチュリ径の変化に合わせてフロートチャンバーからベンチュリ部への供給経路
を切り替えることで調整しています。

■キャブレターのメンテナンス

キャブレターはスロットル（アクセル）グリップの開度に応じて、ベンチュリ径
が変化することでキャブレター内部の負圧の発生個所が変わり、スロージェットか
らジェットニードル、ニードルジェット、メインジェットへと燃料通路を切り替え
ていきます。

このため、各ジェットの燃料経路の詰まりやエアクリーナーからインテークマニ
ホールドまでの接続部のすき間からエア吸入などがあると、空気とガソリンの混合
比率がくずれてしまいます。

また、アクセルワイヤーの動きが渋いとスロットルバルブやピストンバルブの動
きが悪くなったり、全開・全閉にできなくなったりします。複数のキャブレターが
取り付けられている場合は、各キャブレターを連動させるリンク機構の動きや各ピ
ストンバルブの全閉時と全開の位置や開き始めの動きにズレがあるとエンジン不調
の原因になります。

このため、エンジンの調子が悪くなってきた場合やセッティングを行う前には、
必ず各部を清掃するとともに作動具合などを確認します（表）。

⚙ CV(コンパクト・バキューム)型キャブレターの構造と動作

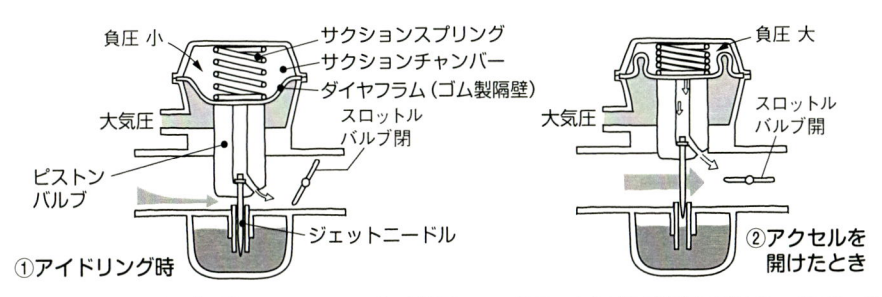

①アイドリング時

スロットルバルブは閉じている。ベンチュリ部を通る吸入空気量が少なく、発生する負圧も小さい。サクションチャンバー内に作用する負圧も小さいため、ピストンバルブはスプリングの力で押し下げられ、ベンチュリ径は最小になっている

②アクセルを開けたとき

スロットルバルブは開いている。ベンチュリ部を通る吸入空気量が増え、サクションチャンバー内に作用する負圧も大きくなるため、ピストンバルブはスプリングの力に勝って押し上げられ、ベンチュリ径は大きくなる

⚙ 基本的なVM(バリアブルベンチュリ・モノブロック)型の構造

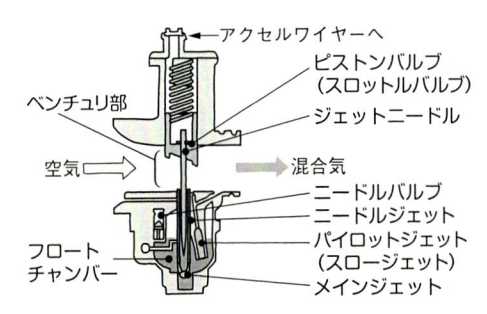

アクセルワイヤーでピストンバルブ(スロットルバルブを兼ねている)を上下させてベンチュリ径を調整する。フロートチャンバーの中にあるジェット類(燃料が通るノズル)には穴が開いていて、その大きさによって吸い込むガソリンの量が決まる。

⚙ 清掃と作動状況の確認ポイント

・アクセルグリップやアクセルワイヤー、各部のリンク機構、ピストンバルブの動きやガタツキの有無
・フューエルフィルターや各ジェット類、フロートバルブ(油面の高さを維持するための部品)の詰まりやフロート室のゴミの有無
・エアフィルターの汚れ
・キャブレターの取り付け状態、インテークマニホールドやエアホースのひび割れやすき間の有無
・ガソリンの品質(劣化や腐り)
・フューエルコックの機能
※ジェット類の詰まりは、キャブクリーナーなどのケミカル用品か爪楊枝など軟らかいもので除去する。ジェットの内径は1/100mm単位の精度で加工されているため、針金などの金属を使うと内径が変化し、燃料を正確に計量できなくなることがある。また、フロートに問題があり、フロート室内の燃料の油面高さが変化するようになると、フロートバルブが正確に動作せずガソリンの供給量に狂いが生じ、正しいセッティングができなくなる。

POINT
◎バイクのキャブレターは可変ベンチュリ式が主流
◎ベンチュリ効果によって生じた負圧で燃料を吸い出す
◎メンテナンスの基本は、各部の清掃と作動具合の確認

キャブレターのセッティング

1-7 吸気系のチューニングによって吸気量が増加した場合は、その量に応じて、エンジンに送るガソリンの量も最適になるように調整しなければなりません。

エアファンネルや低抵抗型エアフィルターなどに交換した場合、空気の吸入量が増えます。**キャブレターのセッティング**とは、チューニングによって変化した**吸入空気量**に応じて各通路に設けられた燃料を計量するジェット類を交換して、混合気中のガソリン濃度が適切になるように調整すること（**燃調**）をいいます（図）。

セッティング作業は、アクセルの開閉に対するエンジン回転数の動きや混合気の燃焼状態の変化を感じて調整する部分を決めます。ただし、各ジェット類からの燃料供給は、経路が切り替わる部分で重複するため、ジェット類を交換すると他の部分に多少影響が現れます。

▮セッティングの判定基準

混合気が薄い場合、アクセル開度一定時にエンジン回転数が不安定に上下したり、カリカリといった音（**ノッキング**）、オーバーヒート、エンジン回転は上がるが失速する、アクセルを戻したときのエンジンの回転落ちが悪い（遅い）、**点火プラグ**の電極が白くなるなどの症状が現れます。

逆に濃い場合は、アクセル開度に対してエンジン回転の反応が鈍い（ツキが悪い）、エンジン回転がスムーズに上昇しない、加速が悪い、エンジン回転数の頭打ちが早い（最高回転数が上がらない）、パワー不足、マフラーから黒煙を吐く、点火プラグの電極が黒い、などの症状が現れます。

混合気の薄い濃いはある程度感覚で判断する必要があるため、セッティングは極端に振って変化の違いを把握しながら進めます。その際、アクセルグリップの全閉から全開位置に1/4回転刻みで目印を入れておくと、効率よく作業が進められます。

以前は、プラグやピストンヘッドの焼け具合などで判断していましたが、最近ではA/F（空燃比）計やマイクロスコープなどが比較的安価で販売されており、センサーによる計測数値の判断や、マイクロスコープでプラグ穴からピストンヘッドを確認するような方法もあります。

ただし、セッティングを詰めて100%の力を発揮できるようになっても、ライダーが乗り難いと思ってしまっては意味がありませんので、ある程度セッティングが出たら後は乗り手が乗りやすいと思うセッティングに微調整します。

⚙ 混合気が薄い場合、濃い場合

空気と燃料がもっとも効率よく反応する空燃費を理論空燃費という。レギュラーガソリンの場合、この値は14.7：1になるが、これはガソリン1に対して空気が14.7ということを意味する。これよりもガソリンが濃い（多い）状態をリッチ、薄い（少ない）状態をリーンという。

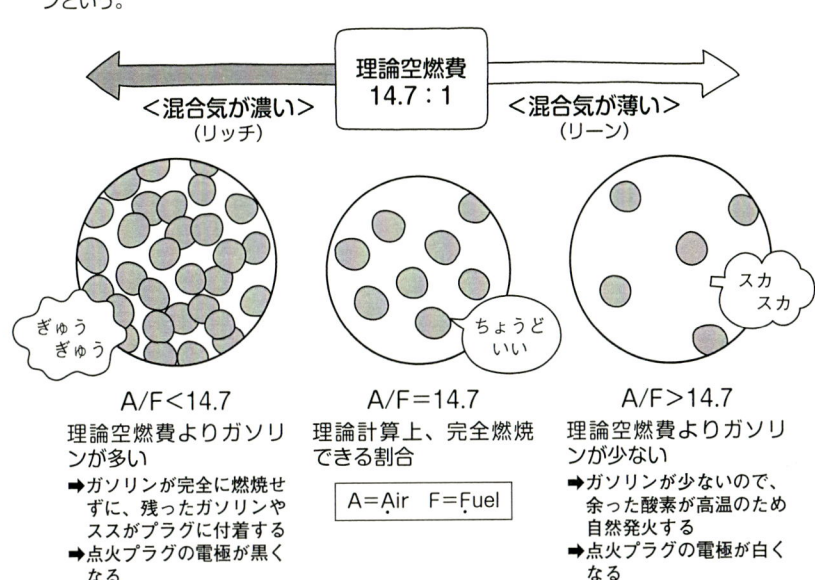

| ＜混合気が濃い＞（リッチ） | 理論空燃費 14.7：1 | ＜混合気が薄い＞（リーン） |

ぎゅうぎゅう

ちょうどいい

スカスカ

A/F＜14.7
理論空燃費よりガソリンが多い
➡ ガソリンが完全に燃焼せずに、残ったガソリンやススがプラグに付着する
➡ 点火プラグの電極が黒くなる

A/F＝14.7
理論計算上、完全燃焼できる割合

$$A＝Air \quad F＝Fuel$$

A/F＞14.7
理論空燃費よりガソリンが少ない
➡ ガソリンが少ないので、余った酸素が高温のため自然発火する
➡ 点火プラグの電極が白くなる

混合気が濃い	混合気が薄い
・エンジン回転がスムーズに上がらない ・加速が悪い ・パワー不足 ・マフラーから黒煙を吐く	・ノッキングを起こす ・オーバーヒートする ・エンジン回転は上がるが失速する ・エンジン回転数の落ちが悪い（遅い）

POINT
◎吸入空気量の増加に応じてキャブレターをセッティングする
◎セッティングはジェットの交換がメインになる
◎アクセル開度と燃焼状況から燃調を決める

セッティングの進め方

セッティングを開始するにあたっては、まずエンジンを暖気して実際の走行状態に近づけてから、スロー系からメイン系、メインジェットの順に調整します。

現在、チューニング用キャブレターとしてはFCR（ケーヒン）とTMR（ミクニ）の2種類が主流になっています。両者は基本的にはVM型のフラットピストンタイプですが、各ジェット類の受け持つ範囲や燃料の気化に対する考え方が多少異なり、それが構造にも反映されています。FCRには冷間時に混合気の燃料濃度を濃くするためのチョーク機構やバイスターターなどの始動専用デバイスがないため、加速ポンプにその役割を代用させています。エンジン始動前に気候（気温）やエンジン特性、チューニングの度合いなどに応じてアクセル（スロットル）を何回かあおります。その目安は夏期で1〜2回、冬期で4〜7回程度です。

セッティングの方法は、FCRとTMRでは各ジェット類の位置やアクセル開度に対する各ジェット類の影響する範囲が多少異なりますが、基本的な進め方は同じです。セッティングを行う前に、各部のメンテナンスを実施するとともに、エンジンのウォームアップを行い、油温や水温（水冷式エンジン）が適正範囲内になってから始めます。

■セッティング作業の手順

セッティング作業は、はじめにアクセル開度の1/2〜全開手前の範囲で走行中よりもやや素早くスロットルを開閉させて、アクセルの開閉にエンジンの回転がついてくるか確認します。次にアクセル開度3/4〜全開まで急にアクセルを開けたときに、エンジンの息つきや回転の上がりが鈍いなどの症状の有無を確認します。停止状態で基本的な部分を確認した後、実走しながらセッティングを進めていきます。

実走テストを行う場合は道交法を遵守することはもちろん、周囲の安全には十分に注意します。実走でのセッティングは、まず**スロー系**を調整した後、**メイン系**に移り、ジェットニードルのストレート径、テーパー角、メインジェットの順に調整を進めていきます。エンジンはアイドリング状態から低回転〜高回転に移っていくので、まずスロー系がセッティングできていないと始まらないからです（図）。次項からFCRを用いてセッティング作業を説明していきます。

なお、ジェット類は真鍮（しんちゅう）など比較的やわらかな金属でできているため、脱着時に無理に回すと変形などが発生するため取扱いには注意しましょう。

セッティング作業の手順

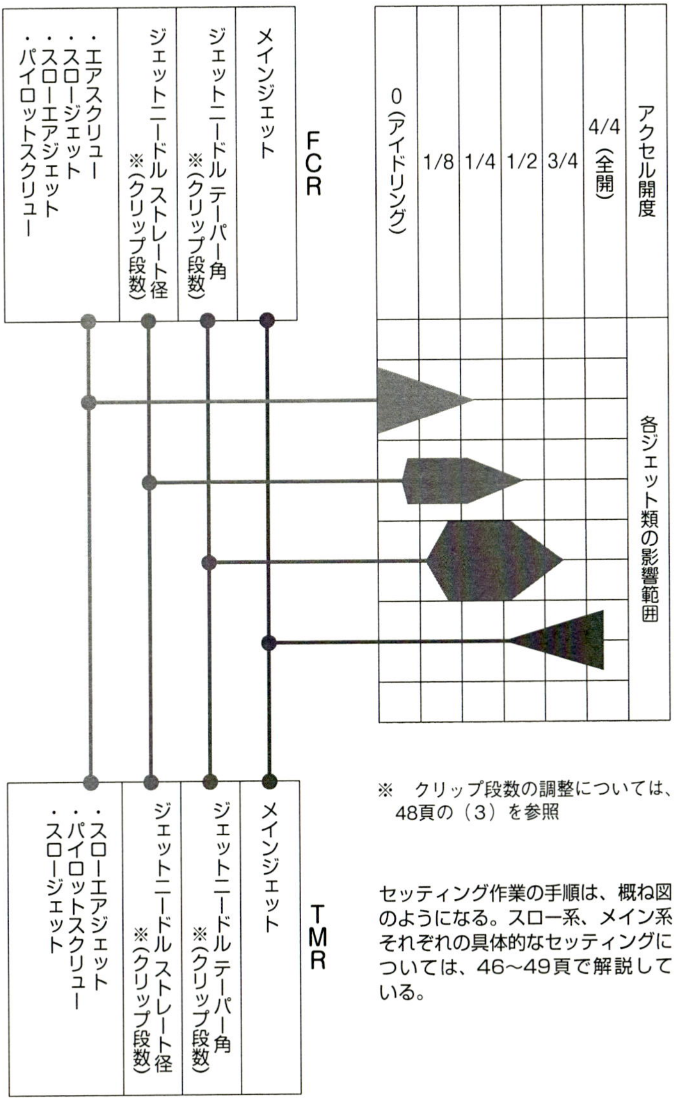
FCR
メインジェット
ジェットニードル テーパー角 ※(クリップ段数)
ジェットニードル ストレート径 ※(クリップ段数)
・エアスクリュー
・スロージェット
・スローエアジェット
・パイロットスクリュー
アクセル開度
0(アイドリング)
1/8
1/4
1/2
3/4
4/4(全開)
各ジェット類の影響範囲
TMR
メインジェット
ジェットニードル テーパー角 ※(クリップ段数)
ジェットニードル ストレート径 ※(クリップ段数)
・スローエアジェット
・パイロットスクリュー
・スロージェット

※　クリップ段数の調整については、48頁の（3）を参照

セッティング作業の手順は、概ね図のようになる。スロー系、メイン系それぞれの具体的なセッティングについては、46〜49頁で解説している。

POINT
◎キャブレターのセッティングを行うにあたっては、バイク本体、キャブレターとも好調で問題ないことが前提条件。どちらか一方でも不具合があると、セッティングは難しい

FCRキャブレターのセッティング（1）

1-9

キャブレターはアクセル開度に応じて燃料の供給経路が変わっていきます。そのためセッティングは、最初の足掛かりとなるスロー系の調整から手がけます。

■スロー（パイロット）系の調整

アイドリング状態からアクセル開度1/8程度ではたらく部分をスロー（パイロット）系といい、アイドリングの不安定やエンスト発生、アクセルを急閉したときのエンジン回転の落ちが悪い、マフラーから黒煙が出るなどした場合に調整します。

アイドリング状態では、次項で説明するニードルジェットからではなく、**パイロットジェット**（パイロットアウトレット）からガソリンを供給します（上図）。

エアスクリューは空気の吸入量を調整するので、**スロー系**全体に影響を及ぼします。締め込むと流量が減り、緩めると増加します（中図）。

パイロットスクリューは混合気の濃度を調整します。パイロットスクリューは、先端部に位置するパイロットアウトレットから噴出されるガソリンの量を調整することで、スロットルが全閉となっているアイドリング時から極低開度域のアイドル開度付近の混合気濃度を調整します（下図）。

■アイドリング状態〜アクセル開度1/8

エアスクリューおよびパイロットスクリューの開度またはパイロットジェット径の調整をします。

エアスクリューを左右に1/2〜2回転程度回し、アイドリング回転数がもっとも高くなった位置に合わせます。左右に回転させて回転数が変化しない場合はパイロットスクリューを回して（パイロットスクリューがないタイプもあります）変化を確認します。どちらのスクリューでも変化が見られない場合や一杯まで締めたり、緩めたりした位置でアイドリング回転数がもっとも高くなる場合は、パイロットジェットを交換します（交換できないタイプもあります）。

スクリューの先端は針状になっているため、力一杯締めると先端部が変形する場合があります。締め付け時は軽く締め込むようにします。

■アイドリング回転数の調整

アイドリング回転数の調整は、スロットルストップスクリューを回して規定の回転数に合わせます。右に回すと回転が上がり、左に回すと下がります。スロットルストップスクリューは、アクセル全閉時のスロットルバルブの開き量を調整しています。

スロー系の構成図

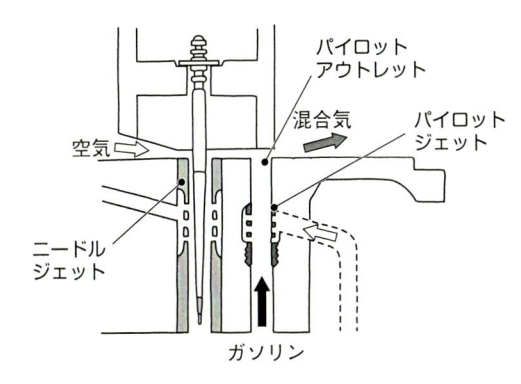

アクセル開度1/8程度の低速運転では、ガソリンはパイロットジェットを通ってパイロットアウトレットから負圧によって吸い出される。パイロットジェットの番数を変えることでキャブレターのセッティングをすることができる。

エアスクリュー

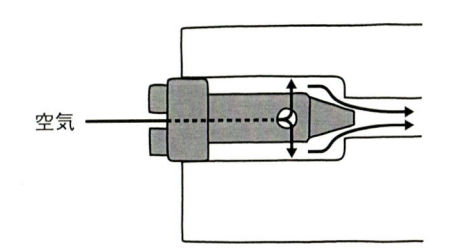

エアスクリューはパイロットスクリューより影響範囲が広く、スロー系全般に影響を及ぼす。ボルトの中心部から吸われた空気は横孔から出される。締め込んでいくと流量は減り、緩めると増えていく。キャブレターを真後ろから見て左側にある。右隣にあるのはメインエアジェット。

パイロットスクリュー

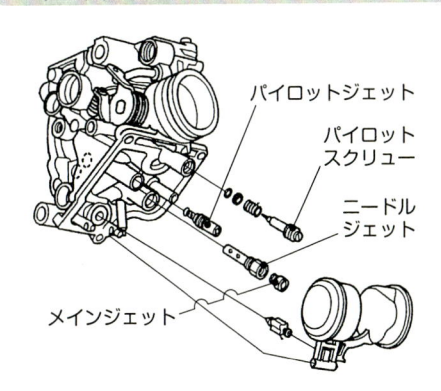

アイドリング時や極低開度域の混合気の濃度を調整するのがパイロットスクリュー。パイロットアウトレットより噴出する燃料の量を調整するのが役目で、右に回すと薄くなり、左に回すと濃くなる。

POINT
◎エアスクリューは空気の吸入量を調整し、スロー系全体に影響を及ぼす
◎パイロットスクリューは混合気の濃度を調整する
◎スクリューの取り扱いには注意を要する

FCRキャブレターのセッティング（2）

1-10

スロー系のセッティングが完了したら、次に取り組むのはメイン系の調整です。メイン系ではジェットニードルが、次いでメインジェットが調整のポイントになります。

■メイン系の調整

アクセルが徐々に開き始めるとスロー系からの混合気の供給は減少し、ニードルジェットやメインジェットで構成される**メイン系**に移行していきます（上図）。

（1）アクセル開度1/8〜3/8—ジェットニードルのストレート径

息つきやカリカリといった音を伴うノッキング、エンジン回転に対して加速が鈍い（失速）など、混合気が薄く感じる場合は径を小さくします。反対に、アクセルの動きに対してエンジン回転がもたついたり、失火してもたついたり、また加速が鈍いなど、燃調が濃く感じる場合は、ストレート径の異なるジェットニードルに交換することで、ガソリンを供給するニードルジェットとの間隔を変化させます（中図左）。

（2）アクセル開度1/4〜3/4—ジェットニードルのテーパー角

開度を1/4〜3/4へと開けていく過程で混合比の薄い症状が出たらテーパー角の大きいジェットニードルに、濃い症状が出た場合はテーパー角の小さいものに交換します（中図右）。

（3）アクセル開度1/4〜3/8—ジェットニードルのクリップ段数

開度を1/4〜3/8へと変えていく過程で状態が変化する場合は、ジェットニードルのクリップ段数を変えてみます。薄い症状が出ている場合はクリップ段数を下げ、濃い場合は上げます（中図右）。ただし、クリップ段数の変更はアクセル開度の比較的狭い範囲にしか効果がなく、1段の変更でセッティングが大きく変わるため、ジェットニードルのストレート径やテーパー角の判断をするために上下に動かして変化を確認することが主な目的になります。

（4）アクセル開度1/2〜全開—メインジェット

ジェットニードルがニードルジェットからほぼ抜けた状態で、ニードルジェットの下側に取り付けられた**メインジェット**で計量されたガソリンがそのまま供給されます。メインジェットのセッティングは、アクセル開度とエンジンの反応による判断に加えて、オーバーヒートや最高回転の頭打ちの有無、点火プラグの電極の焼け具合の状態で判断します。メインジェットは、ドレンボルトを外せば外から交換できます。

⚙ メイン系の構成図

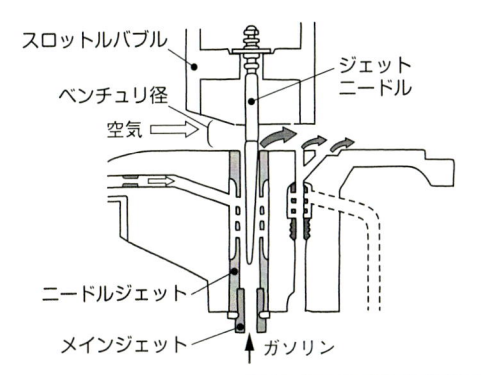

スロットルバルブ
ジェット
ニードル
ベンチュリ径
空気
ニードルジェット
メインジェット
ガソリン

ジェットニードルは、スロットルバルブの上端からベンチュリ部を通り抜け、ニードルジェットを貫通してメインジェットに向かって上下に動いている。メインジェットから吸い込まれたガソリンは、ニードルジェットとジェットニードルのすき間を通ってバイパスポートからベンチュリ部に出てくる。

⚙ ジェットニードルのストレート径、テーパー角、クリップ段数

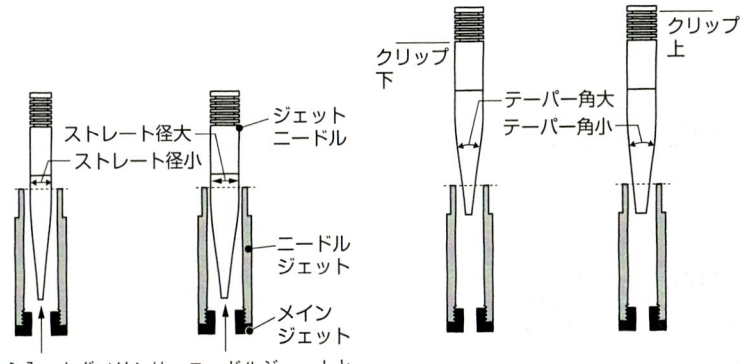

ジェット
ニードル
ストレート径大
ストレート径小
ニードル
ジェット
メイン
ジェット
クリップ
下
クリップ
上
テーパー角大
テーパー角小

ここから入ったガソリンは、ニードルジェットと
ジェットニードルのすき間を通ってベンチュリ部へ向かう

⚙ その他の症状別セッティング

●アクセル急開時
フル加速時などでアクセルを急激に開けたときに、エンジン回転の上がりが鈍いときは、セッティングが薄い場合と濃い場合がある。ジェットニードルの段数またはメインジェットの番数を変えて、エンジンの反応を確認し改善できなければ逆方向に調整する。また、アクセル急開時のエンジンレスポンスはエアスクリューを調整することで改善することもある。

●アクセル急閉時
コーナー手前でアクセルを戻したときなどに、エンジン回転の戻りが鈍い場合は、エアスクリューを締めて空気の吸入量を絞るか、パイロットジェットを変更して燃料の供給量を増やす。

POINT
◎ジェットニードルのストレート径とテーパー角の変更は、ジェットニードルを交換して行う
◎クリップ段数の変更は、クリップを差し替える

フューエルインジェクションのセッティング

1-11

フューエルインジェクションは基本的にはセッティング不要ですが、エンジンのチューニングによって吸入空気量などが制御の範囲外になる場合には、ECUの交換などが必要になります。

フューエルインジェクションは刻々と変化するエンジンの燃焼や走行の状態をセンサーで検知して混合気の濃度を自動的に調整するため、エンジンがノーマルであればセッティングは不要になります。また通常は、セッティングデータ（MAP）はECU（エレクトロニック・コントロール・ユニット）のプログラムに書き込まれているため、基本的には変更できませんが、競技用車両では専用のPC接続ケーブルやセッティング用ソフトなどが販売されています。セッティング作業はPC上でアクセル開度とエンジン回転数ごとにグラフ上の数値を変更することで行います。

■フューエルインジェクションのセッティング

エンジンのチューニングや吸排気系部品の交換などによって吸入空気量や混合気の燃焼状態が大きく変化すると、制御の範囲を超えてしまうため燃料噴射量のセッティングが必要になります。セッティング用ソフトウェアが提供されていない場合のセッティング変更の方法は、以下のようなものがあります（上図）。

●車両搭載の純正ECUにデータ補正用ECUを追加することでセッティングを変更。

●車両搭載の純正ECUとハーネス（配線類）やセンサー類を社外品に交換または追加。ECUは燃料以外にも細かな制御を行っており、点火タイミングやトラクションコントロールなどのセッティングも変更できる（中図）。

■インジェクターの交換・追加

フューエルインジェクションでは燃料増量は噴射時間を延ばすことで行いますが、混合気を吸入するタイミングに合わせて噴射するため、無制限に延長できるわけではありません。噴射量もエンジンの仕様によって最適化されており、チューニングにより精密な噴射量制御や燃料の増量などが必要となった場合などは、**インジェクターの追加や交換**を行います（下図）。

インジェクターの噴射量は通常1分間あたりの量で表示されており、排気量の増加に応じて噴射量の多いものに交換します。また高回転を多用したり高度にチューニングしたエンジンでは、回転域に応じて複数のインジェクターを使い分ける場合があります。交換は入れ換えるだけですが、追加する場合はマニホールドなどの加工が必要になるほか、噴射量を制御するシステム全体を変更する必要があります。

✿ ECUの設置場所

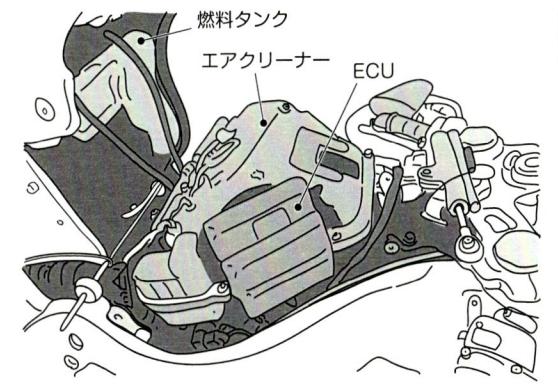

燃料タンク
エアクリーナー
ECU

ECUは燃料タンクの下、
シートの下などに設置され
ている。

✿ フューエルインジェクションとトラクションコントロール

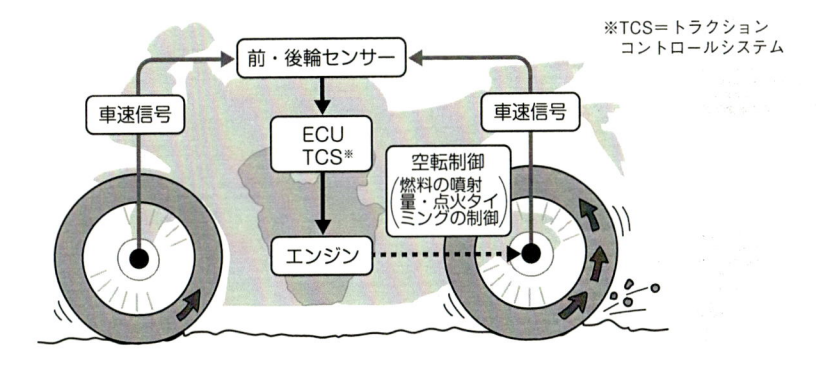

※TCS＝トラクション
コントロールシステム

前・後輪センサー

車速信号

車速信号

ECU
TCS※

空転制御
（燃料の噴射
量・点火タイ
ミングの制御）

エンジン

✿ インジェクターの構造

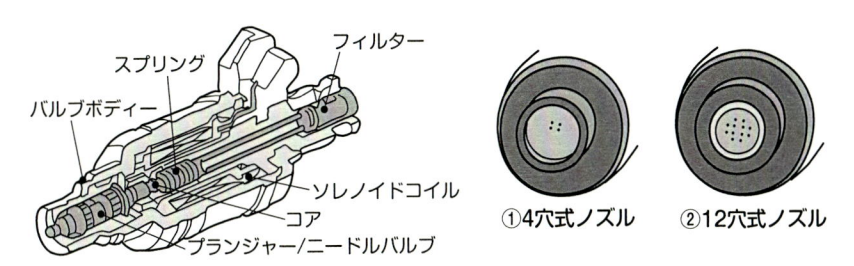

スプリング
フィルター
バルブボディー
ソレノイドコイル
コア
プランジャー/ニードルバルブ

①4穴式ノズル ②12穴式ノズル

POINT

◎フューエルインジェクションは、チューニングによって吸入空気量や混合気
の燃焼状態が大きく変化する場合、噴射量のセッティングが必要になる
◎ECUのほか、インジェクターを交換・追加する場合もある

排気装置の役割

2-1

マフラーのデザインがバイクの外観に与える影響は少なくないですが、そういったファッション的な要素だけでなく、消音や混合気の充填効率アップなど、マフラーは重要な役割を果たしています。

現在販売されているバイクの**排気装置（マフラー）**は、エキゾーストパイプ、排気ガス浄化装置（触媒）、**サイレンサー（消音装置）**の3つの部分で構成されています（上図）。

4サイクルエンジンと2サイクルエンジンとではマフラーの形状が大きく異なりますが（次項参照）、どちらも燃焼ガスの消音と浄化とともに、**排気脈動**と呼ばれる燃焼ガスの圧力変化を利用してエンジンの吸排気（掃気）効率を高めるはたらきをしています。

■排気脈動と脈動効果

排気脈動については、**2サイクルエンジン**で使われている**エキスパンションチャンバー**のはたらきを例に解説します。

エキスパンションチャンバーは、55頁下図や59頁下図のように、真ん中が大きく膨らんだ形をしていますが、これは、チャンバー内部での圧力の変化を利用して燃焼ガスと一緒に混合気も排出されてしまう**吹き抜け**という現象を防いでいます。

2サイクルエンジンでは、燃焼行程に入って排気ポートが開くと、高圧の**燃焼ガス**はⒶ部からⒷ部へと流れていきます（下図①）。燃焼ガスがⒷ部に達すると、テーパー状に広がったその形状によって急激に膨張し、チャンバー内部（Ⓒ部）の圧力が下がるため、シリンダー内の燃焼ガスの排出が促進されます。

さらにピストンが下がって掃気ポートが開くと、混合気がシリンダー内に吸入され、残っていた燃焼ガスを押し出し、その一部が燃焼ガスとともに外部に吹き抜けます。

このとき、チャンバー内の燃焼ガスは中間部分（Ⓒ部）でさらに膨張したあとⒹ部に達し、徐々に排出されていきますが、これによってチャンバー内部（Ⓒ部）の圧力が高くなり、燃焼ガスとともに吹き抜けた混合気をシリンダー内に押し戻します（下図②）。

このように、エキスパンションチャンバーはその形状によって排気脈動を発生させて混合気の吹き抜けを防ぎ、燃焼ガスの排出を促進したり、混合気の**充填効率**を高めています（脈動効果）。

✿ 排気装置(マフラー)の構成

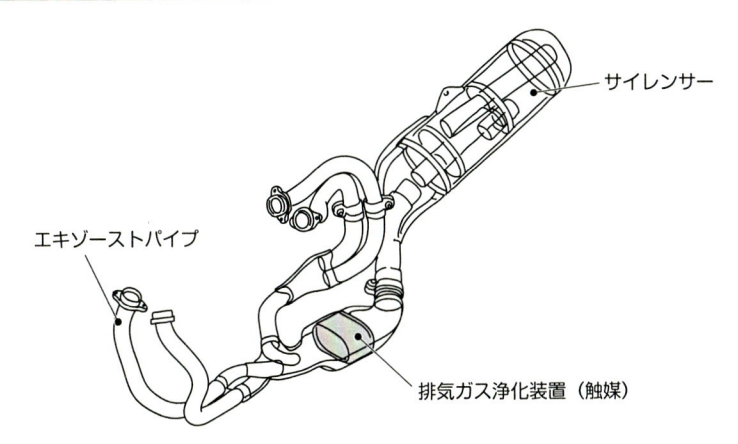

サイレンサー

エキゾーストパイプ

排気ガス浄化装置（触媒）

✿ 排気脈動と脈動効果

①シリンダー内の燃焼ガスの排出

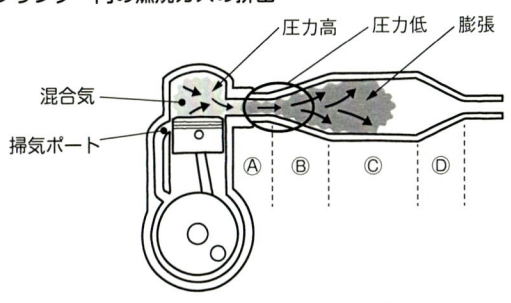

圧力高　圧力低　膨張

混合気

掃気ポート

Ⓐ Ⓑ Ⓒ Ⓓ

Ⓑ部に達すると燃焼ガスの圧力が低下し、シリンダー内の燃焼ガスの排出を促す

②吹き抜けた混合気のシリンダー内への押し戻し

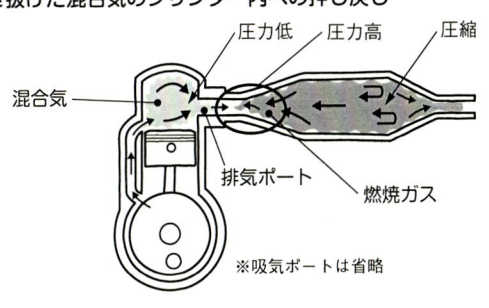

圧力低　圧力高　圧縮

混合気

排気ポート

燃焼ガス

Ⓓ部に達すると燃焼ガスの圧力が高くなり、排気ポートから吹き抜けた混合気をシリンダー内に押し戻す

※吸気ポートは省略

◎マフラーは、エキゾーストパイプ、触媒、サイレンサーから構成されている
◎マフラー内の圧力変化(排気脈動)を利用して燃焼ガスの排出を促すとともに、混合気の充填効率を高めている

マフラーの種類と構造

4サイクルエンジンと2サイクルエンジンでは、マフラーの形状が大きく異なっています。特に2サイクルエンジンのエキスパンションチャンバーは、その形によって大きな脈動効果を得ています。

■ 4サイクルエンジンのマフラー

4サイクルエンジンのマフラーは、エキゾーストパイプ部から**サイレンサー**まで緩やかに広がってつながっています。2気筒以上のエンジンでは、サイレンサーがシリンダーごとに独立しているタイプやエキゾーストパイプをサイレンサーで1本にまとめる**集合マフラー**が多く見られます（上図）。

集合マフラーは、エキゾーストパイプを連結することで各パイプの**脈動効果**をお互いに利用して**燃焼ガス**の排出を促進するほか、各シリンダーから排出される燃焼ガスを干渉させて**消音効果**を得ています。また、サイレンサーをまとめることで軽量化を図っています。

集合マフラー以外でも、脈動効果を利用するためにエキゾーストパイプを結合した後、左右のサイレンサーに分岐させたり、より効果を高めるためにエキゾーストパイプの中間部分で連結しているタイプも見られます。

また、エキゾーストパイプの集合部分にモーターで動くバルブを設けて、アクセル開度やエンジン回転数などによって開閉させることで排気脈動の圧力変化を調整するタイプもあります（中図）。

サイレンサー部は、基本的には1本にまとめられていますが、大排気量車では騒音規制対応と排気抵抗の軽減のため複数に分割されているものもあります。

4サイクルエンジンのマフラーは、エキゾーストパイプの接合順序や触媒までの長さ、全体の長さとパイプ径、サイレンサー部の構造などによってエンジンの出力特性を調整しています。

■ 2サイクルエンジンのマフラー

排気バルブを持たない2サイクルエンジンは、マフラーの中間に容積を大きくしたチャンバーと呼ばれる部分を設け（下図）、**排気脈動**を利用することで混合気の吹き抜けを防いでいます（前項参照）。

2サイクルエンジンのマフラー（**エキスパンションチャンバー**）では、中間部分の形状や容量、マフラー全体の長さなどによってエンジンの出力特性を調整しています。特にチャンバー部の形状は、エンジンの出力特性に大きく影響します。

⚙ 4サイクルエンジンのマフラー

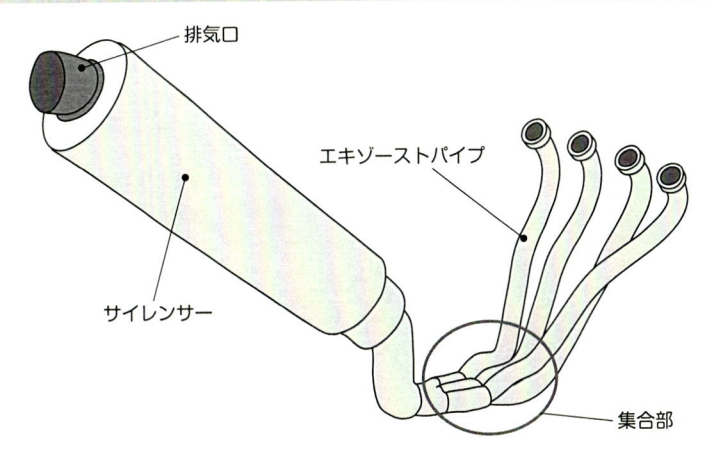

排気口

エキゾーストパイプ

サイレンサー

集合部

⚙ エキゾーストパイプの集合部分にバルブを設けたマフラー

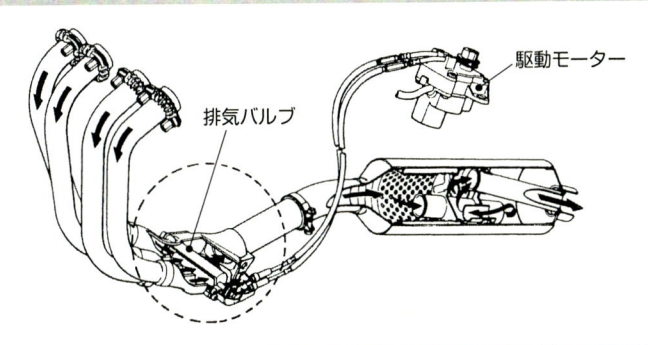

駆動モーター

排気バルブ

⚙ 2サイクルエンジンのマフラー（エキスパンションチャンバー）

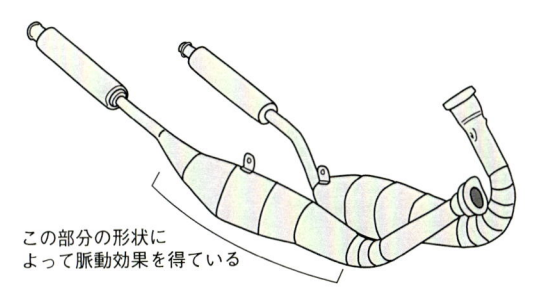

この部分の形状に
よって脈動効果を得ている

POINT
◎4サイクルと2サイクルでは、マフラーの形状が大きく異なっている
◎4サイクル、2サイクルともに、マフラーの形状、長さ、容量などによって
エンジン特性を調整している

マフラーのメンテナンス

2-3 マフラーの点検や脱着作業はそれほど難しくありませんが、いくつかのポイントがあります。吸排気効率やエンジン特性に関わる部分なので、慎重に行いましょう。

◤排気漏れの点検

マフラーの接続部分に緩みやガスケットの摩耗、損傷があると**排気漏れ**が発生し、エンジン出力の低下や騒音、有害ガスの漏出などを招くことがあります。

排気漏れの点検は、マフラー接続部分にススやオイルが付着していないかを目視により確認するほか、エンジン作動時に接合部分に手のひらを近づけて排気ガスが漏れていないかを確かめます。また、バイクが転倒しないように注意しながらマフラー全体を揺すってボルトやナット、勘合部分に緩みがないかを確認します（上図）。

排気漏れや緩みがあった場合、ボルトやナットの増し締めを行いますが、排気系部品のボルトやナットはサビや熱により固着していることが多いため、増し締めするとボルトが折損することがあります。これを防ぐには、高浸透性潤滑剤などを十分に塗布した後、一旦ボルトやナットを取り外し、ネジ山の状態などを確認してから規定トルクで締め付けます。緩みの原因がガスケットの摩耗によるときは、増し締めをしても排気漏れは解消しません。この場合は、ガスケットを交換します。

◤マフラーの脱着作業

ガスケットを交換するときは、マフラーを取り外す必要がありますが、順序を誤るとボルトやステーなどが引っ掛かって外れなくなったり、支え切れずに落として傷をつけたりします。このため、取り付けボルトやナットを全て緩めた後、分割できるものは排気ポートから離れている順に取り外していきます（下図）。

取り付け時には、ガスケット類は新品を使用します。分割式マフラーの場合は、取り外し時とは逆に排気ポートに近い部分から組み付けます。ただし、ボルトやナット類はネジを締め込まずに仮止めの状態で全体を組み、各部の建てつけを調整しながら徐々に締め、最後にトルクレンチを使って規定トルクで締め付けます。

このとき、排気ポートとエキゾーストパイプの接続部など高温になるボルトやナットには耐熱グリースを塗布しておくと、ネジの固着を緩和できます。またエキゾーストパイプ部などに油脂類が付着していると排気熱によって跡が残るため、作業完了後にブレーキクリーナーを吹き付けて、清潔なウエスやキッチンペーパーなどで拭き取ります。マフラーは非常に高温になるので、十分に注意してください。

🔧 排気漏れの点検

マフラー全体を目視で
点検し、キズやへこみ
がないか、各ジョイン
ト部分に黒いススやオ
イルが付着していない
か確認する。

🔧 ジョイント部分の増し締めとマフラーの脱着

マフラーの取り付けボルトやナットは高温になるため(特にエキゾーストパイプ)、ネジを
緩めたり締めたりすると折れてしまうことがある。作業前に高浸透性スプレーオイルを吹
き付けて、プラスチックハンマーでボルトの頭を軽くたたくと、ネジを緩めやすくなる。
マフラーの脱着では、ボルトを1箇所ずつ外していくと、残りの取り付け部にマフラーの
重量がかかって非常に取り外しにくくなる。はじめに全てのボルトを緩めておいて、最後
にマフラーを下から支えながら取り外すと楽に作業が行える。

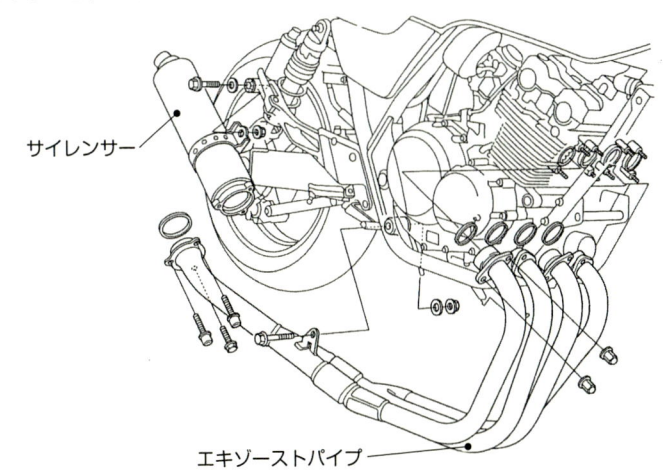

サイレンサー

エキゾーストパイプ

POINT

◎排気漏れは、騒音やエンジン出力の低下、脈動効果の減少に結びつく
◎マフラーを取り外した場合は、ジョイント部のガスケットを必ず交換する
◎マフラーは高温になるので、作業時はヤケドに十分注意する

マフラーのチューニング

2-4

4サイクルエンジンも2サイクルエンジンも、マフラーのチューニングによって混合気の充填効率アップ、エンジンの特性の調整、軽量化などが図れる可能性があります。

　マフラーのチューニングは、サイレンサー部の抜けをよくすることによるシリンダー内への混合気の吸入促進、材質変更による軽量化、全長や形状、パイプ径を変えることによるエンジン特性の変更などが目的になります。ただし排気音の増加や低速トルクの減少などの副作用も発生するため、目的を明確にする必要があります。

◤4サイクルエンジンのマフラーのチューニング

　多気筒エンジンの場合、複数のエキゾーストパイプを接続する**集合マフラー**が多く見られますが（上図）、これは各シリンダーからの**排気脈動**を組み合わせることで、掃気効率をより高められるからです。これを**排気干渉**といい、4気筒であれば、4本のエキゾーストパイプを1本にまとめる4in1タイプと4本→2本→1本とまとめる4in2in1タイプがあります（中図）。

　エキゾーストパイプ径と接続部分までの長さによってエンジン特性が変化しますが、一般的に同径であれば集合部分までの長さが短い4in1タイプのほうが高回転型になります。またマフラー全体の全長も短いほうが高回転型になります。

　マフラーの交換の大きなねらいは、軽量化と排気効率を上げることでシリンダー内の掃気を促進させて混合気の充填効率を高めることです。ただし、そのためにはエキゾーストパイプの径や集合部までの長さを吸排気バルブの開閉タイミングに合ったものにし、排気脈動のタイミングと一致させる必要があります。

◤2サイクルエンジンのマフラーのチューニング

　エキスパンションチャンバーは、排気量と排気ポートの開閉タイミング、最高出力を発生するエンジン回転数などをもとにエキゾーストパイプやダイバージェントコーン、ストレート管などの長さや径、テーパー角を算出します（下図）。

　チャンバー形状の基本的な特性として、エキゾーストパイプは長く、ダイバージェントコーンのテーパー角も大きいほど低速トルク重視となります。またストレート管は、ダイバージェントコーンなどの形状にもよりますが、長さが短く外径が大きいほうが高回転高出力型になり、コンバージェントコーンも長さが短くテーパー角が大きいほど高回転高出力型になります。2サイクルエンジンでは形状の違うエキスパンションチャンバーに交換することで、エンジン特性を変えることができます。

✿ 集合マフラーの例

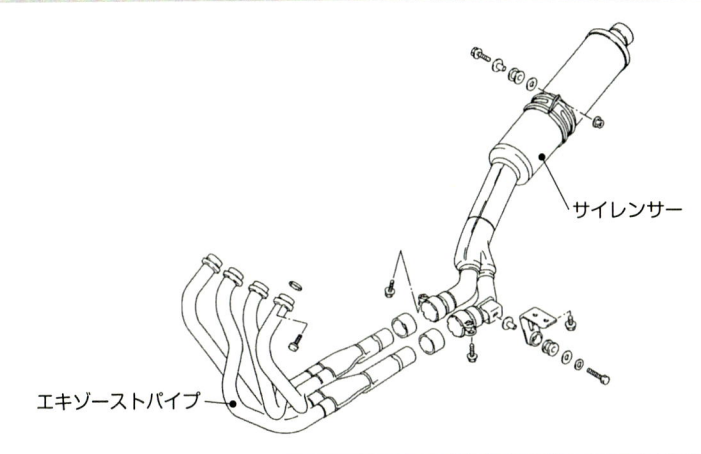

サイレンサー

エキゾーストパイプ

✿ 集合マフラーの種類

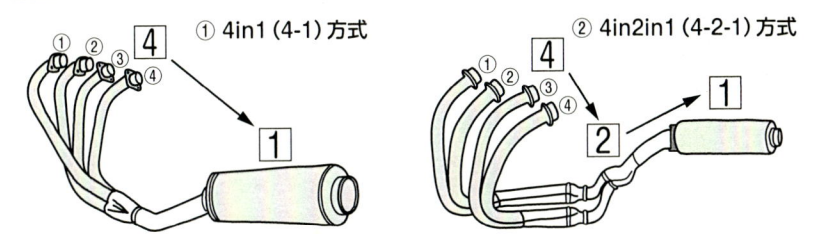

① 4in1 (4-1) 方式

② 4in2in1 (4-2-1) 方式

✿ エキスパンションチャンバーの形状

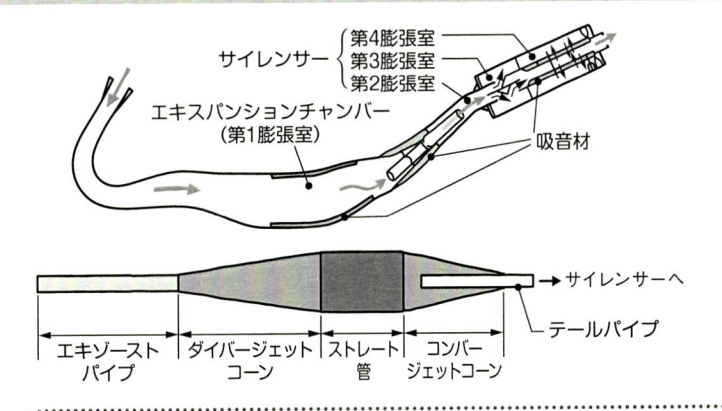

サイレンサー
第4膨張室
第3膨張室
第2膨張室

エキスパンションチャンバー
（第1膨張室）

吸音材

→ サイレンサーへ

テールパイプ

エキゾースト
パイプ

ダイバージェット
コーン

ストレート
管

コンバー
ジェットコーン

POINT

◎シリンダー内への混合気の吸入促進、軽量化、エンジン特性の変更など、チューニングの目的を明らかにする必要がある

◎エンジン特性に合わせてマフラーの長さやパイプ径などを工夫する

サイレンサーのチューニング

マフラーのサイレンサーは、排気音の消音や重量、バイクの見た目などに影響を与えるだけでなく、エンジン出力にも少なからず関係しています。

サイレンサーは、容積の異なる膨張室を複数設けることによって徐々に圧力を低下させるとともに、内部に消音材を取り付けて**排気音**を消音しています。

■サイレンサーの種類

サイレンサーは、一般的にその構造から多段膨張型と反転型に分けられます。多段膨張型は、サイレンサー内部がいくつかの部屋（膨張室）に分かれており、その中を高圧の排出ガスが通ることで徐々に膨張し、減圧させて消音します（上図①）。

一方反転型は、多段膨張型と同じく内部をいくつかの部屋に分けるとともに、ガスを反転させて新たに排出されたガスと干渉させることで消音しています（上図②）。このほかに、両者を併用したタイプもあります（上図③）。

大排気量車では、コンパクトなサイレンサーで高い消音効果を得られるという理由から、一般的には反転型が使用されます。ただし、排気ガスをマフラー内で反転させることから排気抵抗が大きくなり、ガスの抜けが悪くなるため掃気効果は減少します。

現在の国内仕様のマフラーは、サイレンサー部で排気ガスの抜けを抑えてエンジン出力を国内の規制に合致させており、サイレンサーを交換するだけでもエンジンが本来持つ出力に近づける効果があるといえます。

■サイレンサーの交換

市販マフラーのサイレンサーには、より排気ガスの抜けがいい多段膨張型や、パンチング加工をしたストレート管にグラスウールなどを巻き付けて消音するタイプのものがあります（下図）。

これらは反転型よりも排気ガスの抜けはよくなりますが、消音性能や耐久性などは劣ります。また排気ガスの抜けがよすぎると、マフラー内部の圧力（排圧）が上がらず、低速トルクの減少やパワーバンドが狭くなるなどの弊害も発生します。

最近は、エキゾーストパイプとサイレンサーの間に触媒が取り付けられていることが多いため、マフラーすべてを交換するのではなく、サイレンサー部分のみ排気抵抗の少ないものに交換する**スリップオンマフラー**と呼ばれるものもあり、いろいろなタイプのものが販売されています。

⚙ サイレンサーの種類

エンジンから出される高圧の燃焼ガスは、そのまま排出すると一気に膨張して大きな排気音が発生する。サイレンサーは、異なる容積の複数の部屋を設けて徐々に圧力を下げ、また吸音材によって排気音を小さくしている。

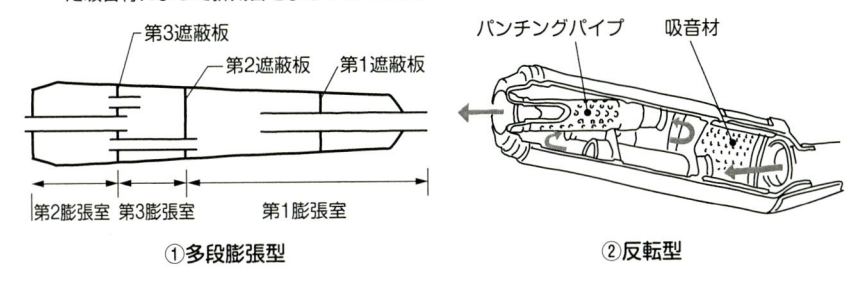

①多段膨張型　　　　　　　②反転型

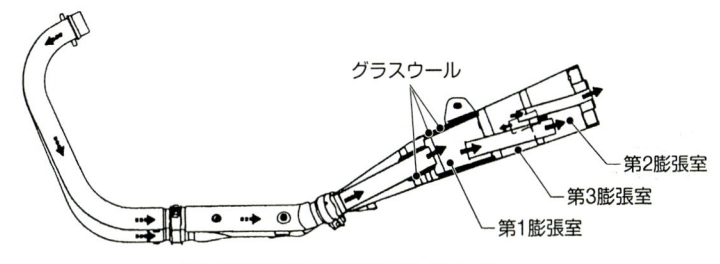

③多段膨張型反転型併用サイレンサー

⚙ ストレートタイプのサイレンサー

パンチングパイプとグラスウールを使用することによって排気抵抗を少なくすることができるが、耐久性は劣る。

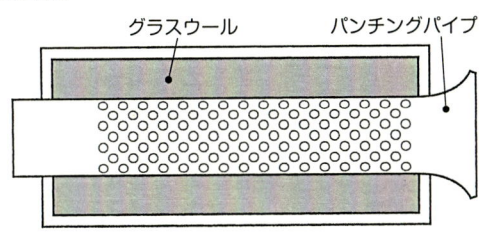

POINT
◎サイレンサーは、複数の膨張室を設けることによって排気ガスを減圧し、消音している
◎サイレンサーの交換は、エンジン本来の出力を引き出す効果がある

冷却装置の役割と構造

3-1

エンジンはそのまま動作し続けると、燃焼時の熱によってダメージを受けて、各部に不具合が発生します。それを防いでいるのが、放熱してエンジンを冷やすための冷却装置です。

エンジンは高温になると、**シリンダー**、**シリンダーヘッド**など各部の変形やピストンとシリンダー内壁の焼き付きなどが発生し、最悪の場合エンジンそのものが壊れてしまう可能性があります。このため、エンジンには放熱をするための**冷却装置**が取り付けられています。

主な冷却方式としては、空冷式と水冷式、油冷式があります。

■空冷式冷却装置の特徴

空冷式はエンジン表面にフィンを設け、走行風を当てることで冷却するので、走行風の当たるエンジンの表面積が大きくなるほど冷却性能は向上します。冷却フィンは、特に熱が溜まりやすいシリンダー上部とシリンダーヘッドを中心に設けられています（上図）。

空冷式のメリットは、構造が単純で軽量にできることです。また、メンテナンスの手間がほとんどかからないほか、製造時のコストや技術力もそれほど高いものは求められません。デメリットは、冷却効率が他の形式よりも劣るため、高出力エンジンや大排気量エンジンでは、使用状況によって冷却不足によるオーバーヒートなどが発生する点です。

■水冷式冷却装置の特徴

水冷式は、エンジン本体を**冷却水**によって冷却します。シリンダーやシリンダーヘッド内部に冷却水を流すための**ウォータージャケット**や、高温になった冷却水を放熱して温度を下げる**ラジエター**を設けています（下図）。

通常の水冷式では、エンジン内部に冷却水を循環させるウォーターポンプが設置されていますが、旧型車の一部では、冷却水の温度差を利用して循環させているものもあります。

水冷式のメリットは、冷却効率が高く、高出力エンジンや大排気量エンジンにも対応できることです。またウォータージャケットを設けることで、エンジン内部から発する各種の音を遮断できるため、騒音対策にも有効です。デメリットは、冷却水やラジエター、ウォーターポンプなどの補器類の追加による重量増とコストアップ、ラジエターの設置による空気抵抗の増加などがあります。

⚙ 空冷エンジン

空冷式には、走行風によって冷却する自然空冷式と、クランクシャフトなどに取り付けられたファンによって冷却する強制空冷式がある。

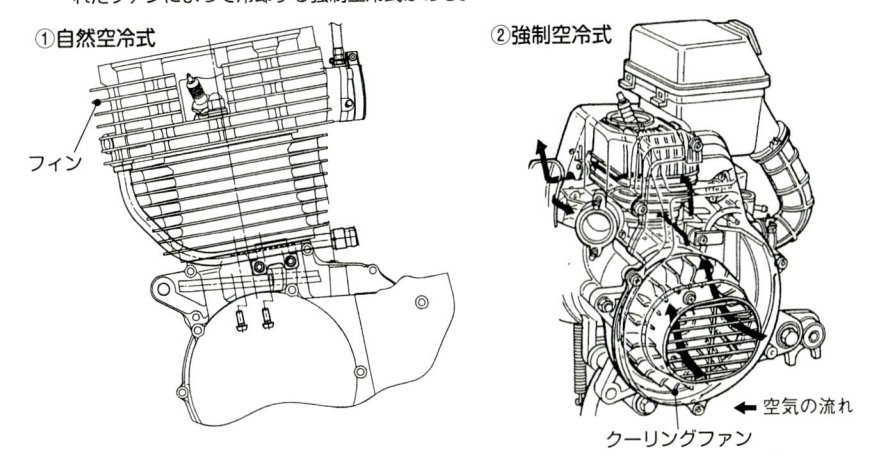

①自然空冷式

フィン

②強制空冷式

← 空気の流れ

クーリングファン

⚙ 水冷エンジン

水が流れる通路＝ウォータージャケットに冷却水を循環させることで、エンジンが発生する熱を奪っている。

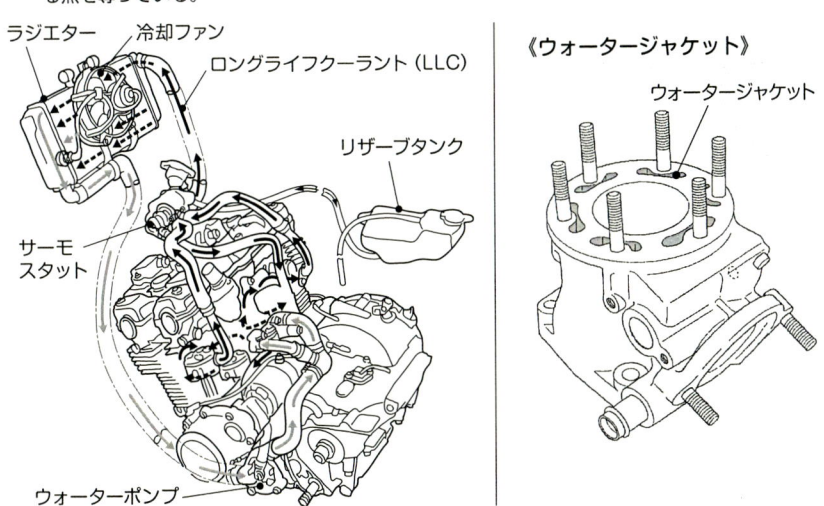

ラジエター　冷却ファン

ロングライフクーラント (LLC)

リザーブタンク

サーモ
スタット

ウォーターポンプ

《ウォータージャケット》

ウォータージャケット

POINT
◎空冷式は軽量だが、大排気量エンジンには不向き
◎水冷式は、エンジン全体を均一に冷やすことができ冷却効率にすぐれるが、重量とコストが高くなる

水冷式冷却装置のメンテナンス

3-2

冷却水には、寒冷時の凍結防止や防錆効果をもつLLCを使用します。水冷式冷却装置はLLCによってエンジンを冷やしているので、定期的な液量点検と冷却水漏れのチェックは重要です。

　水冷式冷却装置は冷却水を循環させて冷却しますが、この冷却水は単なる水ではありません。エチレングリコールというアルコールを添加した**LLC（ロングライフクーラント）**と呼ばれるもので、メンテナンスとしては定期的な冷却水量の確認と性能維持のための交換が必要になります。

　冷却水量は、エンジン冷間時に車体に取り付けられた**リザーブタンク**内の量をチェックします。交換時期はLLCの性能により異なるため、サービスマニュアルなどで確認します（上図）。

　LLCはホームセンターやバイク用品店などで入手できますが、希釈済みのものと原液を自分で希釈して使用するものがあります。原液のまま注入すると濃度が濃すぎてトラブルの原因になるので、必ず希釈してから注入します。

　抜き取ったLLCは産業廃棄物に該当するため、一般家庭では処分できません。廃棄する際にはガソリンスタンドや修理工場などで引き取ってもらいます。

　また、交換後は冷却経路のエア抜き作業をしっかり行いましょう。エアが残っている場合、オーバーヒートの原因になります。

■配管類のメンテナンスと冷却水漏れの点検

　冷却水は配管で接続されたエンジン内部や**ラジエター**を循環しますが、このホースやパイプ類、締め付けバンドの劣化や損傷、緩みの有無を点検します。ホースの膨らみや傷、バンドの損傷、冷却水漏れの跡がある部分などを点検し、状況に応じて修理や新品部品に交換します（下図）。

　転倒による損傷やガスケット、シール類の劣化、オーバーヒートなどにより、エンジン内部で冷却水漏れが発生することがあります。オイルが白濁している場合は、オイルに水分が混入しています。クランクケース内部の結露により多少の混入はあるかもしれませんが、暖気運転後も白濁が収まらない場合は、冷却水漏れが考えられます。

　冷却水漏れの点検は基本的にラジエターキャップ部に加圧式のテスターを取り付け、冷却水路内の圧力変化を確認します。加圧後一定時間内に圧力が低下している場合は冷却水漏れが考えられます。

⚙ 冷却水の液量点検

冷却水のチェックは、基本的にはリザーブタンクで行う。エンジンが冷えた状態で規定量入って入ればよい（①）。リザーブタンクがない車種では、ラジエターキャップを取り外して、規定水面まで補充する（②）。

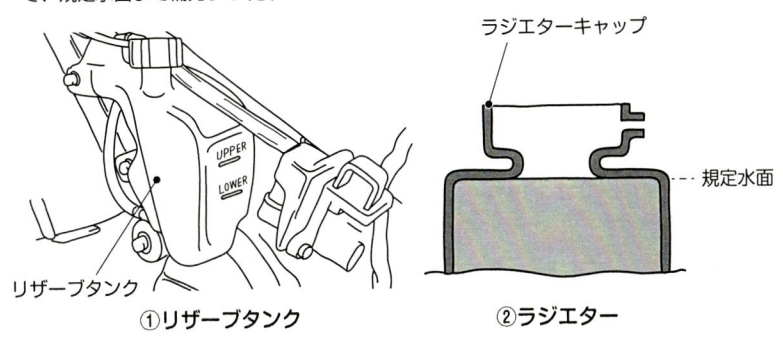

①リザーブタンク　　　②ラジエター

⚙ 冷却水漏れのしやすい箇所

ラジエター本体やパイプとホースのジョイント部分をよく点検する。ラジエター本体の場合、パイプやラジエターキャップ取り付け部などの溶接部分やフロントタイヤからの飛び石を受けやすい部分などからの水漏れがよく見られる。ホースは、締め付けバンドの緩みや締め付けすぎによる変形、損傷、カウルとの接触箇所が摩耗して漏れることがある。塗装がはがれていたり、白いサビが発生しているところにも注意する。

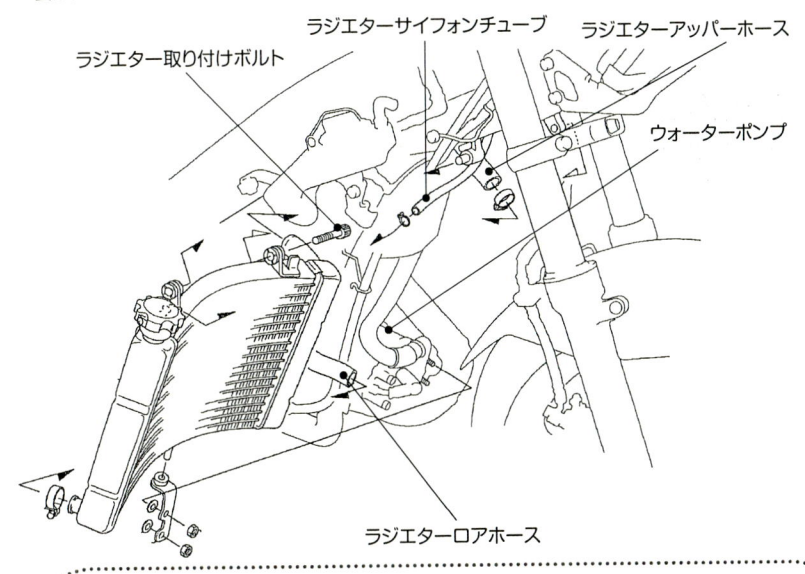

POINT
◎冷却水の点検は、エンジンが冷えた状態で行う
◎LLCは産業廃棄物なので、勝手に処分してはいけない
◎冷却水漏れのしやすい箇所は頻繁にチェックする

高温になった冷却水はラジエターで放熱した後、再びエンジン内部を循環します。ラジエターの冷却能力を高める方法には、高圧力ラジエターキャップや大型ラジエターへの交換があります。

エンジン内部を冷やした冷却水は、**ラジエター**で走行風や冷却ファンによって放熱します（上左図）。

ラジエターのメンテナンスとしては、**冷却フィン**の詰まりやつぶれ、本体からの冷却水漏れの有無などを点検します。

冷却フィンが詰まっているときは、竹串やピンセットなどを使って取り除きます。フィンはやわらかいため、慎重に作業しましょう。フィンのつぶれている面積が大きい場合は、冷却効率が低下するため専門の工場で再生してもらいます。

また、転倒による歪みや損傷があるときは、加圧して冷却水漏れの有無の確認をします。漏れがなければそのまま使用できますが、冷却効率は低下します。損傷程度が大きい場合は交換になります。

■ラジエターキャップの交換

水冷式冷却装置は、冷却水路に加わる圧力を高めることでその能力をアップさせることができます。

水の沸点は100℃ですが、加圧状態ではそれが高くなります。沸点が上がることでオーバーヒートを防げるため、**ラジエターキャップ**は冷却経路を密閉して水温を上昇させ、ラジエター内部の圧力を高める役目を果たしています。

ただ、圧力が高くなりすぎると冷却系統に不具合が生じるため、一定以上の圧力にならないように圧力弁（加圧弁・負圧弁）が取り付けられています（上右図）。これを**リザーブタンク**とつなげて、水量を調整しています。加圧力を高める方法としては、ラジエターキャップを高圧タイプのものに交換します。

■ラジエターの交換

エンジンチューニングによってエンジンの発熱量が大幅に増加した場合は、ラジエターの増設や大きなものへの交換によって走行風の当たる面積を増やします。こうすることで、冷却能力を高めます（下図）。ただし、ラジエターの容量が大きくなると冷却水を送るウォーターポンプの能力も強化しなければ水を十分に循環させることができなくなります。また、増設する場合は走行風の当たり方や風の抜き方を考慮しないと冷却効率を上げることはできません。

⚙ ラジエターの構造

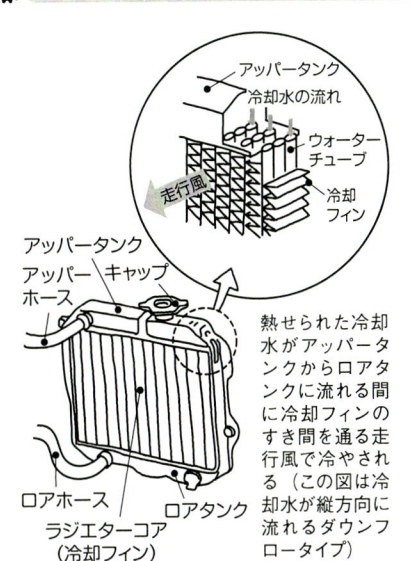

アッパータンク
アッパー
ホース　キャップ

ロアホース
ロアタンク
ラジエターコア
（冷却フィン）

熱せられた冷却
水がアッパータ
ンクからロアタ
ンクに流れる間
に冷却フィンの
すき間を通る走
行風で冷やされ
る（この図は冷
却水が縦方向に
流れるダウンフ
ロータイプ）

⚙ ラジエターキャップの役割

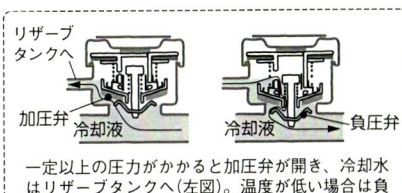

リザーブ
タンクへ
加圧弁　冷却液　　冷却液　　負圧弁

一定以上の圧力がかかると加圧弁が開き、冷却水
はリザーブタンクへ（左図）。温度が低い場合は負
圧弁が開き、冷却水が流れ込む（右図）

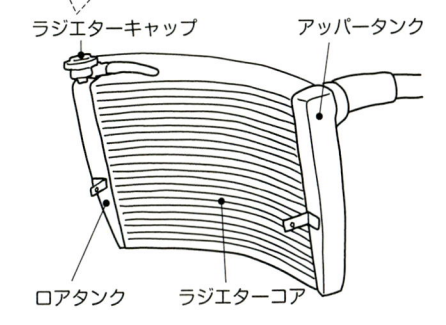

ラジエターキャップ　　　　　　アッパータンク

ロアタンク　　ラジエターコア

⚙ 大型ラジエター

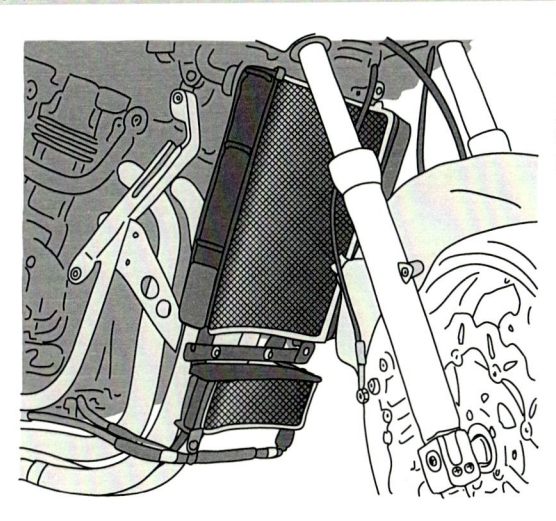

ラジエターは、表面積が増
えれば冷却能力もアップす
る。ただし、大きくなれば
空気抵抗も増すため、U字
状にすることで抵抗を最小
限にとどめている。

POINT
◎冷却フィンの詰まりやつぶれをチェックする
◎ラジエターキャップを交換して、加圧力を高める
◎ラジエターの表面積を増やせば冷却能力はアップする

潤滑装置の役割

潤滑装置は、エンジンオイルやミッションオイルをエンジン内部やトランスミッションに潤滑させて、摩擦抵抗低減のほか多くの役割を果たしています。

ピストンやコンロッド、トランスミッションなどはオイルによって潤滑することで摩擦熱による焼き付きを防いでいます。4サイクルエンジンの**エンジンオイル**は、一部の車両を除きエンジンとトランスミッション全てを潤滑します（図）。2サイクルエンジンはエンジンオイルと**ミッションオイル**が分けられており、シリンダー内部やクランクシャフトなどはガソリンに混合したオイルで潤滑します。ミッションオイルはトランスミッションとクラッチを潤滑します。

■エンジンオイルは定期的な交換が必要

これらのエンジンオイルやミッションオイルは潤滑時に発生する金属粉などの混入や高温による劣化、酸化、気化や炭化による減少などが発生するため、定期的な補充や交換が必要になります。交換頻度は、エンジンの仕様や使い方にもよりますが、基本的にはサービスマニュアルで指定された走行距離や期間を目安に交換します。長期間始動していない場合には、酸化や水分が混入して潤滑性能が低下している可能性があるため、エンジンを始動する前に交換したほうがいいでしょう。

エンジンオイルを長期間交換しない場合、オイルの持つ潤滑機能が低下して摺動部分の**摩擦抵抗**が増え、各部の摩耗が進みます。またシリンダー内に付着したオイルが燃焼して発生する燃えカスや、シリンダーとピストンリングのすき間からクランクケース内に漏れ出したガスなどが変質してスラッジが発生します。スラッジはシリンダー内を潤滑したオイルに混入するため、**オイルフィルター**（74頁参照）でろ過されますが、長期間オイル交換をしなければ潤滑経路やフィルターに蓄積して目詰まりなどの発生原因にもなります。

交換するオイルは、基本的にはサービスマニュアルに記載されたものがいいでしょう。原料や粘性などにより多くの種類がありますが、サーキットなどでスポーツ走行を楽しむなど高負荷で使用する場合や、チューニングなどによりエンジンの仕様が変更されない限り、メーカーの純正オイルで十分な性能を発揮できます。自動車用のエンジンオイルで代用する人がいますが、これは摩擦抵抗を低減する減摩剤が配合されており、湿式クラッチを採用しているバイクに使用するとクラッチ滑りや、トランスミッションギヤの耐久性低下などの不具合が発生することがあります。

⚙ エンジンの潤滑経路とオイルの役割

┌─── **エンジンオイルの役割** ───┐
①潤滑：金属の接触面に入り込んで摩擦抵抗を低減する
②冷却：燃焼によって蓄えられた熱を奪う
③密閉：シリンダー、ピストンリング間の燃焼ガスの漏れを防ぐ
④緩衝：燃焼による衝撃をやわらげる
⑤防錆：金属の表面に膜をつくり、空気を遮断してサビを防ぐ
⑥洗浄：金属粉やエンジン内部に入り込んだゴミなどを除く
└─────────────────────────┘

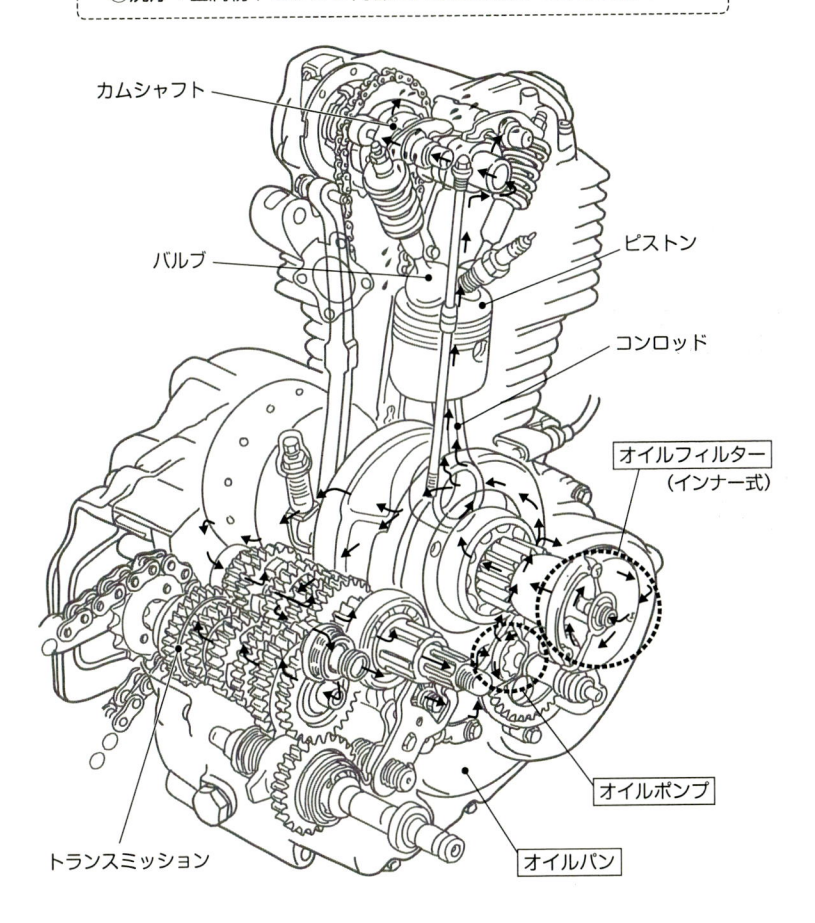

カムシャフト
バルブ
ピストン
コンロッド
オイルフィルター
（インナー式）
オイルポンプ
トランスミッション
オイルパン

POINT
◎エンジンオイルは、摩擦抵抗を減らすほかにも、冷却、密閉、緩衝、防錆、
　洗浄など多くの役割を担っている
◎定期的なオイル交換が何よりも重要

エンジンオイルの種類

4-2

エンジンにとって非常に重要なエンジン(ミッション)オイルは、その性質によっていくつかの規格に分類されています。基本的には、サービスマニュアルに記載されたものを使用します。

オイルは主成分になるベースオイルと添加剤からつくられています。添加剤には、摩耗防止剤や腐蝕防止剤、酸化防止剤などがあり、ベースオイルに添加してその機能をより向上させています。

■オイルの規格

国内で使用されている主なオイルの規格は次の4つです。

(1) SAE粘度表示番号

SAE(米国自動車技術者協会)の粘度表示にはシングルグレードと呼ばれ、高温時のみの粘度を表しているものがありますが、最近の2輪車には使われていません。4サイクルエンジンの**エンジンオイル**や2サイクルエンジンの**ミッションオイル**では、マルチグレードのオイルが一般的に使用されています。

マルチグレードでは、前2ケタが低温時の使用限界温度領域、WはWinterの略で、数値が小さいほど低温でも流動性を保っています。後ろ2ケタは高温時における粘度を表し、数値が大きいほど高温の使用に耐えます。前後の数字の差が大きいほど、高温から低温まで広い温度差の中で使用できます(表①②)。

(2) APIサービス分類

4サイクルガソリンエンジンとディーゼルエンジン、ミッションオイルなどの目的別に、摩耗防止性や酸化安定性、清浄性などオイルの耐久性を表しています(表③)。

(3) JASO T903規格

低摩擦性能を向上させた自動車用エンジンオイルをバイクに用いると、クラッチが滑るなどのトラブルが発生したため、バイク専用オイルの規格として日本独自のJASO T903規格が設けられています。

API分類のSGグレードを最低基準として、T903摩擦特性に関する指数によってMA、MA1、MA2、MBの4グレードに分類されます。

(4) JASO M345

2サイクルエンジンオイルに関する日本独自の規格で、基本性能順にFB→FC→FDの3グレードに分類されています。FCはFBよりも排気煙やカーボンの発生が少なく、FDはFCよりもエンジン高温時の清浄性が高くなります。

🔧 エンジンオイルの分類

①SAE粘度分類（主なもの）

SAE粘度番号	適　用	粘度
SAE 5 W	寒冷地用	低い
SAE10W		
SAE20W	冬 季 用	
SAE20		
SAE30	一 般 用	
SAE40	夏 季 用	高い
SAE50	酷暑地用	

※1. SAE10W、SAE30など：シングルグレードオイル
※2. SAE10W-30、SAE10W-50など：マルチグレードオイル

②SAE番号と使用可能温度（主なもの）

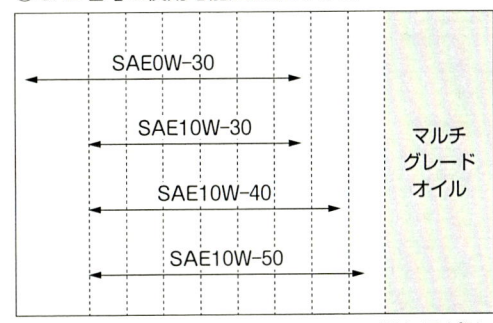

③APIサービス分類（ガソリンエンジン用）

記号	特　徴
SA	無添加純鉱物油。添加油を必要としない軽度の運転条件のエンジン用
SB	添加剤の働きをある程度必要とする軽度の運転条件用。かじり防止性、酸化安定性、軸受腐食防止性を備える
SC	ガソリンエンジン用として、高温および低温デポジット性、摩耗防止性、さび止め性、腐食防止性を備える
SD	デポジット防止性から腐食防止性まで、SCクラス以上の性能を備える
SE	酸化、高温沈殿物、さび、腐食などの防止に対して、SDよりもさらに高い性能を備える
SF	酸化安定性、耐摩耗性の向上を図り、とくにバルブ機構の摩耗防止を主眼としたもので、SEより高い性能を備える
SG	1988年に制定されたもので、SFクラスよりもさらに過酷な使用条件に耐えられるように耐摩耗性、耐スラッジ性が高められ、テスト方法もSFより過酷になっている
SH	1993年から登場した規格。省燃費性能、低オイル消費、低温始動性、高温耐久性などにすぐれる
SJ	1996年10月にSHを超えるグレードとして開発。主として環境対策オイルで、オイル消費量を減らして燃費も向上させる
SL	2001年に制定され、SJを上回る性能をもつ。高温時におけるオイルの耐久性能・清浄性能・酸化安定性を向上させる
SM	2004年に制定され、SL規格よりも省燃費性能の向上、有害な排気ガスの軽減、エンジンオイルの耐久性を向上させた環境対応オイル
SN	2010年10月に発効され、SM規格よりも省燃費性能、オイル耐久性、触媒システム保護性能にすぐれる

API規格は、API（米国石油協会）、SAE、ASTM（米国材料試験協会）などによって定めた規格

POINT
◎オイルはエンジンやトランスミッションを正常に機能させるために非常に重要。用途や性能によってさまざまな種類があるので、指定されたオイルを使用することがポイントになる

エンジンオイルの交換

4-3

エンジンオイルの潤滑方法によって、オイル交換の作業は異なります。オイルが規定量入ったら一度エンジンを始動し、2、3分アイドリングさせてから停止して、再度オイルの量を確認します。

エンジンオイルの潤滑方式には、**ウェットサンプ式**と**ドライサンプ式**があります（上図）。クランクケース底部のオイルパンにオイルを溜めるウェットサンプ式の場合、ドレンボルトを外してオイルを排出し、新しいオイルを給油口から注入すれば作業完了です。ドライサンプ式の場合は別体のオイルタンクにオイルを溜めているため、オイルパン以外にオイルタンクのドレンボルトも取り外してオイルを排出します（中図）。またオイルタンクからエンジン本体へはオイルラインを経由してオイルを供給するため、オイルライン内にエア噛み※が発生するとエンジン各部にオイルが行き渡らず焼き付きなどが発生する可能性があります。オイル交換時にオイルラインのエア抜き作業を行いましょう。

オイル交換時には、車種によってはアンダーカウルの取り外しやエキゾーストパイプにオイルが付着しないように処理する必要があります。オイルが付着した状態でエンジンを始動するとエキゾーストパイプにオイルの焼け跡が残ります。もしオイルなどの油分が付着した場合は、ブレーキクリーナーで拭き取ってからエンジンを始動しましょう。

新たに入れるオイルは、サービスマニュアルに記載された量を計量します。エンジン内部のオイルは完全には抜けないため、一気に入れると多すぎになる場合があります。クランクケース側面の点検窓やオイルレベルゲージで確認しながら何度かに分けて補充します（下図）。オイル量が多すぎると、回転抵抗が増加したり、クランクケースのベンチレーションホースからオイルが吹き出したりします。

■オイル交換時の注意点

ドレンボルトの銅製やアルミ製のワッシャは再使用するとオイル漏れが発生する可能性が高いため、必ず新品に交換します。またドレンボルトの締め付け時には、緩みによる脱落や締め付けすぎによる破損を避けるため、必ずトルクレンチを使用して締め付けトルクの管理を行います（中図）。抜いたオイルは、白濁や多量の金属粉、異物などがないか確認します。エンジンオイルは各部を潤滑するため、摩耗による金属粉が多少は混入しますが、大量に含まれている場合は潤滑不良による焼き付きなどの可能性があります。

※　エア噛み：オイルラインの中に空気が入り込むこと

⚙ エンジンオイルの潤滑方式

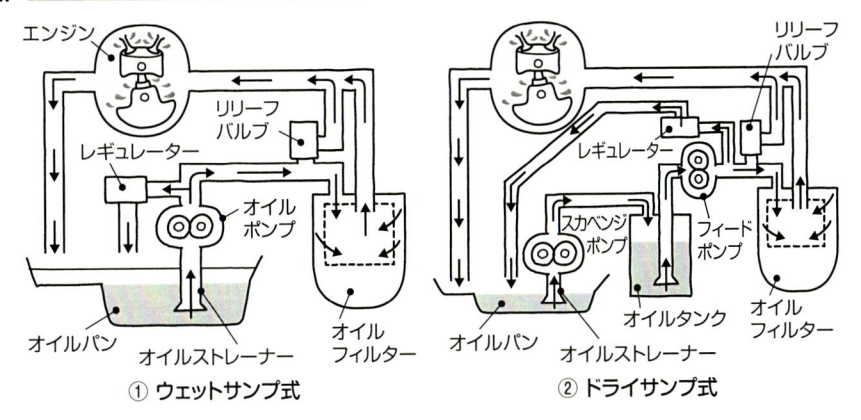

① ウェットサンプ式　　② ドライサンプ式

⚙ オイルの抜き取り(ドライサンプ式)

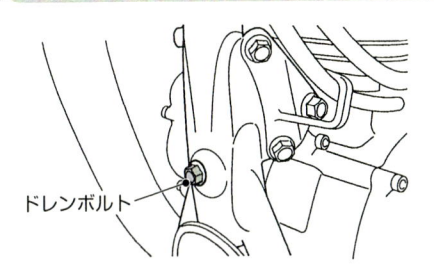

ドレンボルト

トルクレンチを使用して、締め付けトルクをきちんと管理する。フレームがオイルタンクを兼ねる車種では、フレーム下部にもドレンボルトがある。

⚙ エンジンオイル量の点検

一般的な4サイクルエンジンでは、左のように点検窓からオイル量を確認する。フレームがオイルタンクを兼ねたドライサンプ式では、右のようにオイルレベルゲージを差し込んで適量を判断する。

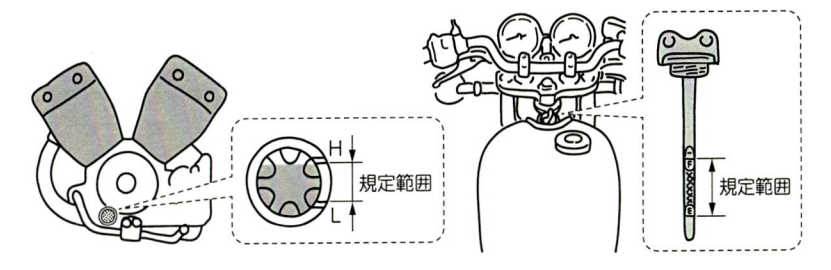

POINT
◎オイルの潤滑方式にはウェットサンプ式とドライサンプ式がある
◎ドレンボルトのワッシャは、オイル交換時に新品に改める
◎ドレンボルトの締め付けにはトルクレンチを使うのが望ましい

オイルフィルターの交換

4-4 エンジン各部やトランスミッションを循環しているオイルには異物が入り込むため、オイルフィルターによってこれらを除去しています。トラブルを起こさないためにも、定期的に交換する必要があります。

ピストン、コンロッド、クランクシャフトなどエンジンの各パーツやトランスミッションを潤滑・洗浄した**エンジンオイル**には、各部の摩耗によって発生した金属粉やゴミ、スラッジなどが混入します（上図）。

■オイルフィルターの役割

オイルの潤滑経路の途中には、これらの不純物を除去するための**オイルフィルター**が設けられています（69頁の図参照）。このフィルターは、金属製のケースの内側にろ紙が折りたたまれて収納されており、オイルがろ紙を通過することによって不純物をろ過します（中図）。

オイルフィルターは長期間使用するとフィルターのろ過能力が低下するため、定期的な交換が必要になります。

エンジンの型式などによって専用品が販売されているので、エンジンオイル2回交換ごと、1万キロ走行ごとなど、サービスマニュアルに記載されている指定に合わせて交換します。

ただし、長期間オイルを交換していない場合や、オイルに水が混入してしまった場合などは、オイルと同時にフィルターも交換します。

■オイルフィルター交換の留意点

オイルフィルターはクランクケース外部に取り付けられているタイプ（カートリッジ式）と、内蔵されているタイプ（インナー式）があります。

外部に取り付けられているタイプは、エンジンオイル抜き取り後、オイルフィルターレンチを使って取り外します（下左図）。

新品のオイルフィルターを取り付ける際には、クランクケース取り付け面にあるゴム製のOリングにエンジンオイルあるいはグリースを薄く塗布し、工具を使わず手の力のみで締め付けます（下右図）。内蔵式の場合は、サービスマニュアルの作業方法を確認のうえ、作業手順に従って交換します。

なお、フィルターの取り付けについては、車種によってフィルターレンチを使って取り付け、トルクレンチで締め付けトルクを確認するタイプや、フィルター本体の締め付け回転数で行う場合があるので、サービスマニュアルで確認してください。

エンジンオイルが劣化する理由

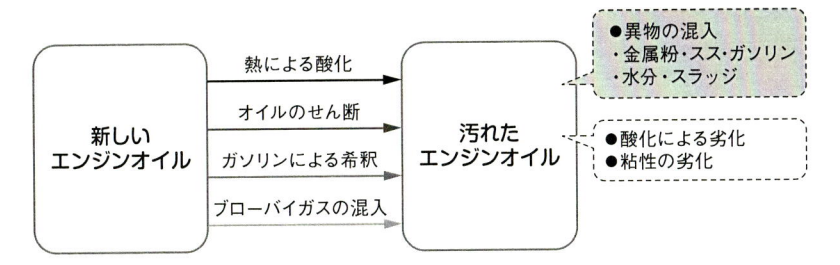

新しい
エンジンオイル

熱による酸化
オイルのせん断
ガソリンによる希釈
ブローバイガスの混入

汚れた
エンジンオイル

●異物の混入
・金属粉・スス・ガソリン
・水分・スラッジ

●酸化による劣化
●粘性の劣化

オイルフィルターの役割

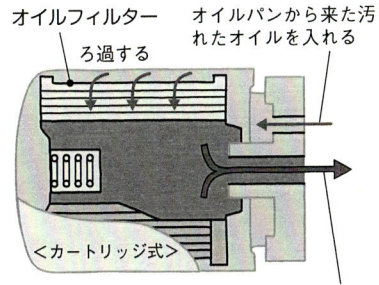

オイルフィルター
ろ過する

オイルパンから来た汚
れたオイルを入れる

＜カートリッジ式＞

ろ過したオイルをエンジン各部へ送る

エンジンオイルに混入した異物のうち重いも
のは沈殿するが、軽いもの・細かいものはオ
イルと一緒に循環するため、各部を摩耗させ
たり、オイル通路を詰まらせてしまうことが
ある。これはオーバーヒートや焼き付きの原
因になりかねない。

オイルフィルターの取り外し

カートリッジ式の場合、オイルフィルタ
ーレンチを使用する。

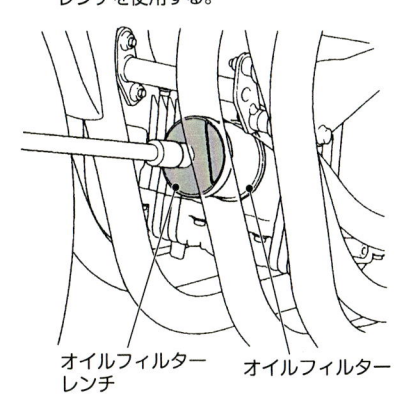

オイルフィルター
レンチ

オイルフィルター

オイルフィルターのOリング

Oリングにオイルかグリースを薄く塗っ
てからケースに取り付ける。

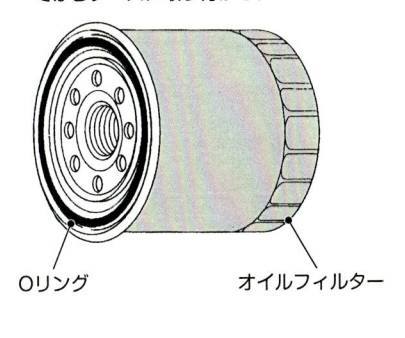

Oリング

オイルフィルター

POINT

◎エンジンオイルには、金属粉などのいろいろな異物が混入する
◎オイルフィルターは、オイルの中に含まれる不純物をろ過する
◎オイルフィルターは、マニュアルに則って定期的に交換する

オイルクーラーの役割

4-5

エンジンを高負荷で使用した場合、エンジンオイルの温度が上昇して本来の性能を発揮できなくなることがあります。オイルクーラーはオイルを冷やすための装置で、水冷式と空冷式があります。

4サイクルエンジンは、エンジン内部を**エンジンオイル**によって密閉・潤滑・冷却していますが、オイルの温度が上がりすぎると劣化を早めたり、潤滑能力などを低下させたりします。一般的には、クランクケース底面の**オイルパン**での温度として120℃程度が限界値だと考えられています。

通常エンジンオイルが溜まっているオイルパンを走行風によって冷却することで、オイルの過熱を防いでいますが（69頁の図参照）、排気量を上げたり空冷式・高出力のエンジンでレースなど高負荷な走りをする場合はオイルの負担がより大きくなるため、**オイルクーラー**を追加して冷却することがあります。

■オイルクーラーによるエンジンオイルの冷却

オイルクーラーには水冷式と空冷式があります。水冷式はエンジンの冷却水（62頁参照）を利用して冷やすため、風が当たらないところにも取り付けることができ、レイアウトの自由度があります。潤滑経路の途中に設けるタイプとオイルフィルター部に取り付けるタイプがあります（上図）。

空冷式は冷却フィンを設けて走行風を当てることで冷却しており、水冷式エンジンのラジエターと似た構造をしています（66頁参照）。取り付ける場所は、風当たりがよいヘッドライトの下やエンジンとフロントフォークの間などで（下左図）、オイルライン（オイルの通り道）が長くならないようにします（下右図）。

空冷式の場合、季節によってはオイルの温度が下がりすぎ、粘度が高くなって潤滑に影響することがあるので注意が必要です。これを避けるために、オイルラインの途中にサーモスタットを設ける方法があります。サーモスタットはオイルの温度に合わせて弁が開閉し、オイルの温度が一定値以下のときにはオイルクーラーに向かう通路を閉じてエンジン内部に戻し、冷やしすぎないようにしています。

オイルクーラーのメンテナンスは、オイルラインやオイルライン取り付け部からのオイル漏れや損傷がないかをチェックします。空冷式の場合は、クーラー本体の歪みや損傷、フィンのつぶれや詰まりがないか点検します。また、空冷式オイルクーラーを脱着する際には、エンジンオイルを抜き取り、オイルラインをオイルクーラー取り付け部で切り離すようにします。

⚙ 水冷式オイルクーラー

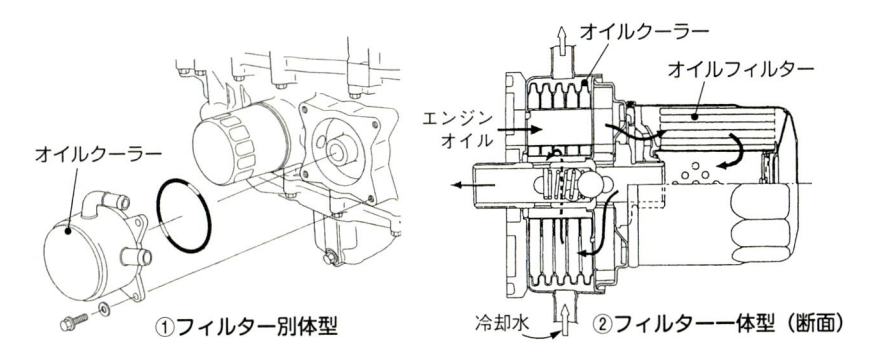

①フィルター別体型

②フィルター一体型（断面）

⚙ 空冷式オイルクーラーの取り付け

①ヘッドライトの下

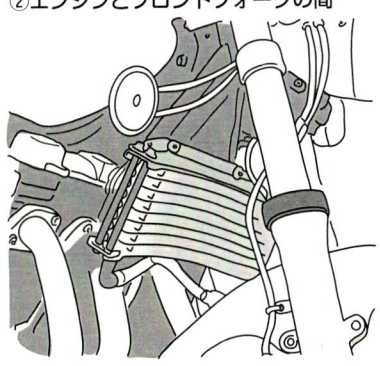

②エンジンとフロントフォークの間

⚙ 空冷式オイルクーラー

空冷式オイルクーラーは、走行中に受ける風を利用してオイルを冷却する。オイルラインが長くならないように注意する。

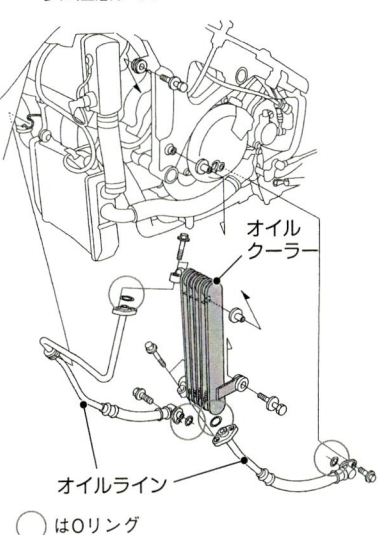

◯はOリング

POINT
◎オイルは高温になると、劣化したり潤滑能力などが低下したりする
◎オイルクーラーはエンジンオイルを冷却する装置
◎オイルの温度を下げすぎないためにサーモスタットを設ける

オイル上がり、オイル下がり

オイル上がりもオイル下がりも、オイルが燃焼室内に漏れ出て、燃焼することによって起こります。原因はそれぞれ違いますが、エンジンの不具合から発生し、エンジンの不調を示しています。

「オイル上がり」「オイル下がり」という言葉を聞いたことがあると思います。ここでは、オイルに関係する2つの代表的なトラブルについて解説します。

■オイル上がりの原因と対策

オイル上がりが起こった場合、エンジン回転を上げるとマフラーから白煙を吹くようになり、高回転ではそれがだんだんと激しくなります。また、オイルの減り方も早くなります。

これは、シリンダーとピストンのクリアランス（すき間）が大きくなり、ピストンリングの背面や摺動面から**燃焼室**内にオイルが漏れ出て、混合気と一緒に燃焼することによって起こります（上図）。シリンダーや**ピストンリング**の摩耗、張力の低下が原因と考えられます。

ピストンリングを劣化させないためには、規定どおりに**エンジンオイル**を交換することが重要です。またピストンリングを修理・交換するには、シリンダーヘッドを分解する必要があるためプロに任せるしかありませんが、かなりの費用と時間がかかります。

■オイル下がりの原因と対策

オイル下がりが起こると、エンジン始動時やアイドリング時に白煙を排出します。これは、吸排気バルブと**バルブガイド**のすき間から燃焼室内にオイルが漏れることによって起こります（下図）。吸気バルブは吸入行程で負圧となるため（11頁の上図①参照）オイルを吸い込みやすいのですが、**バルブステムシール**（18頁参照）の劣化や損傷が原因と考えられます。

バルブステムシールの経年劣化はやむを得ない部分もありますが、それを早めないためには、汚れたエンジンオイルを使用しないことが重要です。またオイル上がりと同様、修理・交換は大がかりなものになるため、費用と時間がかかります。

以上からもわかるとおり、オイル上がり、オイル下がりとも燃焼室内にオイルが漏れて、**混合気**と一緒に燃焼することによって起こりますが、これを発生させないためのポイントは、「きちんとしたエンジンオイルの管理を心がける」ということに尽きます。

⚙ オイル上がり

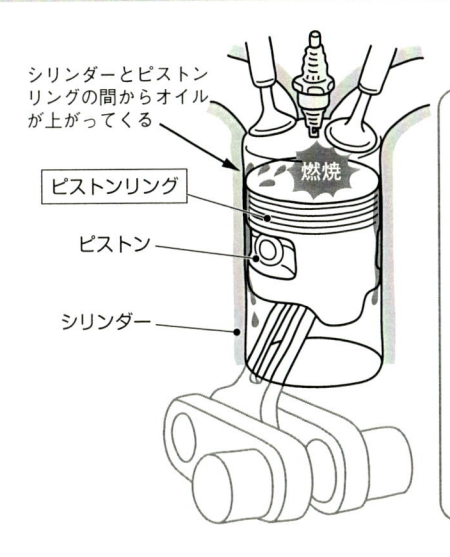

シリンダーとピストン
リングの間からオイル
が上がってくる

ピストンリング

ピストン

シリンダー

燃焼

―― オイル上がり ――

【現象】
◎エンジンが高回転になると白煙
　を排出する
◎エンジンオイルの減り方が早い
【原因】
◎ピストンリングの摩耗や劣化→
　ピストンとシリンダーのすき間
　が大きくなり、オイルがピスト
　ンの上昇により燃焼室内にかき
　上げられる→混合気と一緒に燃
　焼
【対策】
◎エンジンオイルのきちんとした
　管理（定期的な交換）

⚙ オイル下がり

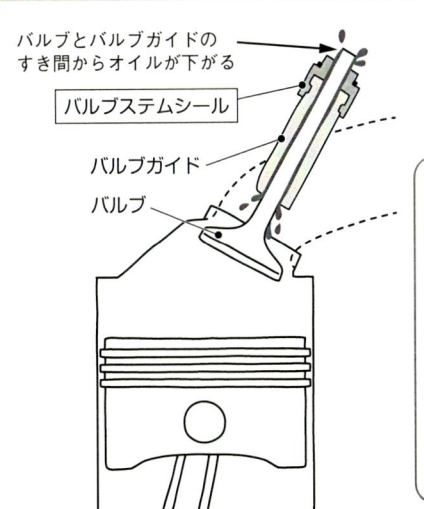

バルブとバルブガイドの
すき間からオイルが下がる

バルブステムシール

バルブガイド

バルブ

―― オイル下がり ――

【現象】
◎エンジン始動時やアイドリング時
　に白煙を排出する
【原因】
◎バルブステムシールの劣化や損傷
　→バルブとバルブガイドのすき間
　から燃焼室内にオイルが漏れる→
　混合気と一緒に燃焼
【対策】
◎エンジンオイルのきちんとした管
　理（定期的な交換）

POINT
◎オイル上がりは、エンジンが高回転のときに白煙を排出する
◎オイル下がりは、始動時やアイドリング時に白煙を排出する
◎オイル上がりもオイル下がりもエンジンオイルの管理が重要になる

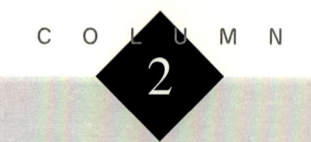
エンジン補機類
のチューニング

　エンジンから多くの動力を取り出すためには、よりたくさんの混合気の吸入とともに効率のよい燃焼が重要になります。効率のよい燃焼のためには、点火の3要素（よい混合気・よい点火・よい圧縮）を突き詰めていく必要があります。この中で、よい混合気を供給するには、エンジンの状態に合ったキャブレターや燃料噴射装置のセッティングが必要になります。これらのセッティングは、エンジンの状態と混合気の燃焼状態を正確に判断する必要があるため、経験と知識と根気が必要になります。

　特にキャブレターは、アクセル開度や開き方によって燃料の供給経路が変化し、異なる経路から重複して供給する部分があり、また気候や気圧の影響も受けやすく、燃料の供給量はジェットの穴やすき間の大きさで調整するため、全ての部分でベストなセッティングを出すことは非常に難しいのが現実です。このためある程度は妥協して、アクセル操作やライディング技術でカバーする必要があります。ただ、セッティング作業ができるようになると、エンジンの調子が細かくわかるようになり、ライディングのスキルも大きく向上します。

　電子制御燃料噴射装置では、排気ガス中の残留酸素濃度をセンサーでモニタリングすることで燃焼状態を判断でき、セッティング作業もパソコンやセッティングツールを接続すれば簡単に変更できます。また気候や気圧の変化に対しては自動的に補正が入るため、高度なチューニングを施したエンジンであっても、ベースのセッティングを出せば大きな変更を加えることなくフルシーズンライディングを楽しむことも可能です。

　ただし、燃料噴射装置はバッテリー上がりが発生するとエンジンを始動させることすらできなくなるため、バッテリーをはじめ電源システムのメンテナンスを念入りに行う必要があります。またECUやハーネス類、センサーなどに不具合が発生した場合、原因の究明に非常に時間がかかり、誤ったセンサー情報やECUの判断によってエンジンが壊れる可能性もあります。

第3章

エンジン電装系編

The chapter of
electric system for engine

点火装置の役割と種類

点火装置は、電源から点火プラグまでの間にクランクシャフトの回転に合わせて開閉する電気回路を設けて、ベストなタイミングで電流を流しています。主な点火方式は、フルトランジスタ式とCDI式です。

ガソリンエンジンは、混合気に火花を飛ばして燃焼（爆発）させて力を生み出していますが、そのきっかけをつくっているのが**点火装置**です。点火装置は、**AC ジェネレーター（発電機）**やバッテリーなどの電源→**イグニッションコイル**（次項参照）→**点火プラグ**で構成されており、クランクシャフトの回転に合わせて開閉する電気回路を設けることで、適切なタイミングで点火プラグに電気を流します（上図）。点火方式には接点式と無接点式がありますが、現在は無接点式が使われています。

■フルトランジスタ式とCDI式の特徴

無接点式には、フルトランジスタ式やCDI式などがあります。

①フルトランジスタ式：バッテリーからの電圧は、スイッチング作用と電圧を増幅させる作用を持つトランジスタを通すことで、12Vのバッテリー電圧を300〜400Vまで変圧させます。1次コイルに流れる電流のオン・オフは、クランクシャフトに取り付けたローターの回転をもとに点火時期信号発生コイルに電流を発生させ、それをイグナイターユニット内のトランジスタに流して行います（中図）。

②CDI式：充電機能を持つコンデンサーに電気を蓄え、パルサーコイルと呼ばれる点火時期信号発生用のコイルからの点火信号を受けると、それを一気にイグニッションコイルに流します（下図）。

CDI式は強い火花を飛ばすことができますが、放電時間が短くなります。一方フルトランジスタ式は、1次側の電圧はバッテリー電源となるためイグニッションコイル2次側で発生する電圧はCDI式より低く火花も弱くなりますが、放電時間が長いため、混合気への着火性はすぐれるといった特性があります。

■チューニングのポイント

フルトランジスタ式はイグニッションコイルの1次側に入る電圧がバッテリー電源のため、チューニングとしては、通電時の電流値を大きくするなどして2次側に発生する電圧を高めます。1次側に電気を流すタイミングや通電時間の設定を変更することで、チューニングしたエンジンによりマッチさせます。

CDI式のチューニングは、イグニッションコイルの1次側に入る電圧をより高くすることで、2次側に発生する電圧を高めます。

点火までのシステムの流れ

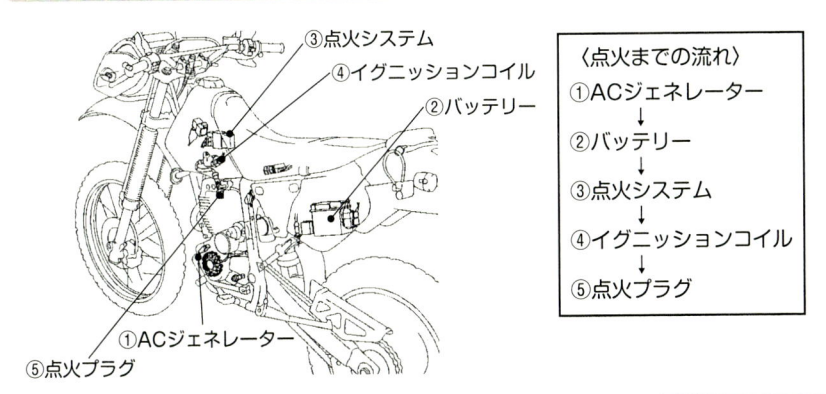

③点火システム
④イグニッションコイル
②バッテリー
①ACジェネレーター
⑤点火プラグ

〈点火までの流れ〉
①ACジェネレーター
↓
②バッテリー
↓
③点火システム
↓
④イグニッションコイル
↓
⑤点火プラグ

フルトランジスタ式

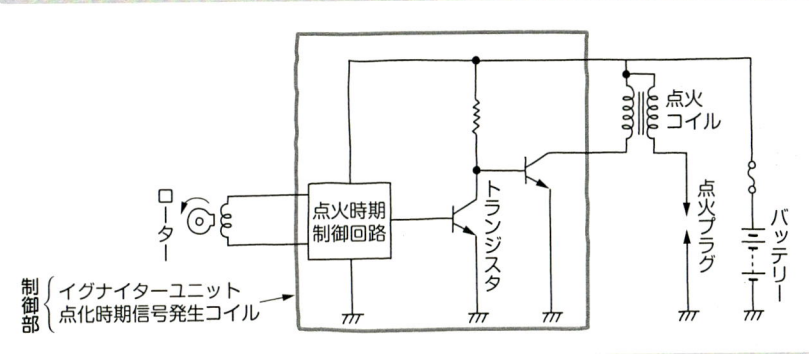

ローター
点火時期制御回路
トランジスタ
点火コイル
点火プラグ
バッテリー

制御部｛イグナイターユニット
点化時期信号発生コイル

CDI式（バッテリー点火）

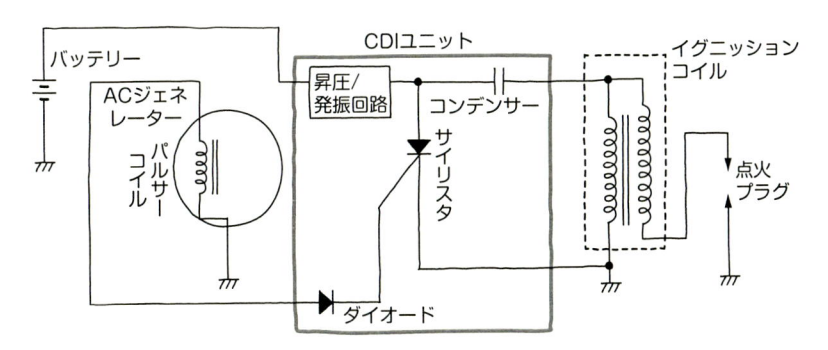

バッテリー
ACジェネレーター
パルサーコイル
CDIユニット
昇圧/発振回路
コンデンサー
サイリスタ
イグニッションコイル
点火プラグ
ダイオード

POINT
◎無接点点火方式にはフルトランジスタ式とCDI式がある
◎それぞれにメリット、デメリットがあるため、エンジンの形式やバイクの種類・用途などによって使い分けをしている

イグニッションコイルの役割と交換

点火プラグで火花を飛ばして混合気を燃焼させるためには、数千ボルト以上の高電圧が必要になります。その大役を担っているのが、イグニッションコイルです。

点火システムでは、ACジェネレーター（発電機）やバッテリーを電源として数百ボルトまで昇圧させていますが、**点火プラグが火花を飛ばすためには数千ボルト以上の電圧が必要です**。**イグニッションコイル**は、電圧を数千から数万ボルトまで昇圧（増幅）させるはたらきをしています（上図）。

■イグニッションコイルによる電圧の増幅

イグニッションコイルは、鉄芯（センターコア）に2種類のコイルを巻きつけた変圧器です。2本のコイルは1次コイルと2次コイルと呼ばれ、1次コイルは0.5〜1mmの銅線を200〜300回程度、2次コイルは0.05〜0.1mmの銅線を1次コイルの60〜100倍程度巻いてあります。

1次コイルに電流を流すと、2次コイルも含めて磁界が発生します。ここで電流を遮断すると**自己誘導作用**によって1次コイルに数百ボルトの電圧が生まれ、同様に2次コイルにも数千から数万ボルトの高い電圧が誘起されます（**相互誘導作用**）。2次コイルに発生する電圧は1次コイルと2次コイルの巻数に比例します。

チューニング用のイグニッションコイルでは、コイル形状やコイルの材質、1次側と2次側の巻き数の差を大きくするなどして、2次側に発生する電圧を大きくしています。

2次コイルに発生した高圧の電流は、**プラグコード**（ハイテンションコード）からプラグキャップを通って点火プラグに供給されます。

■ダイレクトイグニッションでシリンダーごとに点火時期を調整

高電圧を発生させるイグニッションコイルと点火プラグを接続するプラグコードは、長いほど内部抵抗が増加して電圧降下も大きくなります。

ダイレクトイグニッションは、イグニッションコイルとイグナイター、プラグキャップが一体となり各シリンダーに配置されていて、プラグコードの内部抵抗による電圧降下を防ぎます（下図）。

最新のバイクではほとんどがダイレクトイグニッションシステムを採用しており、コイル／プラグキャップのユニットをチューニングパーツに交換するだけであれば、とくに難しい技術は必要ありません。

⚙ イグニッションコイルの構造と点火までの流れ

点火プラグにはイグニッションコイルからプラグコードとプラグキャップを介して電気が供給されるが、コードやキャップ内の電気抵抗が大きいと点火プラグに供給される電圧が下がり火花が弱くなる。低抵抗プラグコードやプラグキャップは、ノーマルパーツの1/20程度まで電気抵抗値を小さくしたもの。

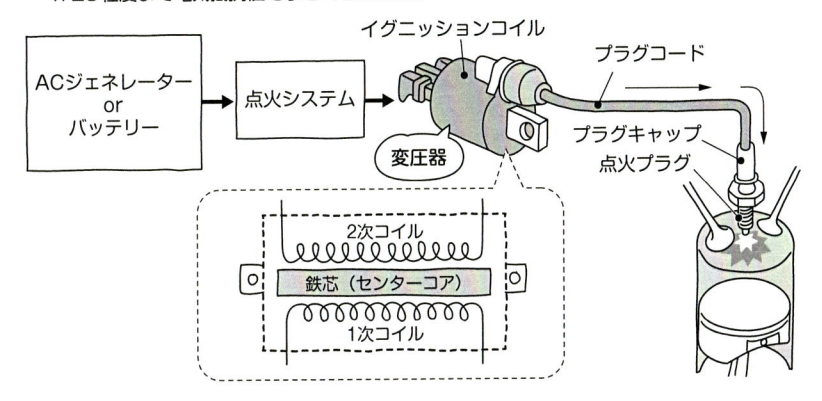

⚙ ダイレクトイグニッション

ダイレクトイグニッションはプラグコードがないため、電気抵抗による電圧降下が抑えられ、より強い火花を飛ばすことができる。ECUからの信号によってシリンダーごとに点火制御を行うが、電気回路部がシリンダーヘッドに取り付けられているため、熱によるトラブルが発生しやすくなる。なお、イグナイターは、イグニッションコイル1次側に流す電流をECUからの信号によって制御している。

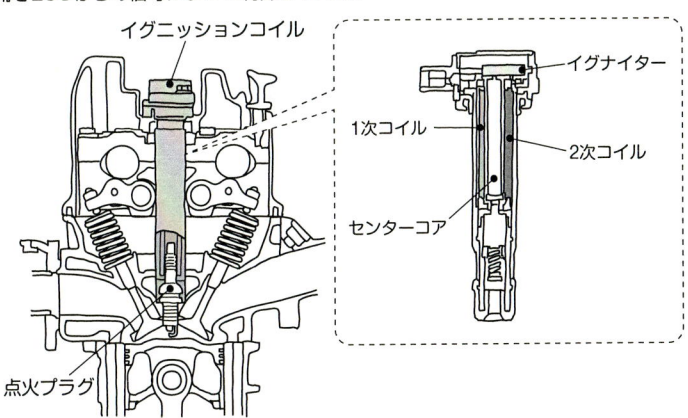

POINT
◎イグニッションコイルは、点火に必要な高電圧を点火プラグに供給している
◎ダイレクトイグニッションは、イグニッションコイルとイグナイター、プラグキャップが一体で、電圧の降下を防いでいる

点火プラグの役割とメンテナンス

点火装置によってつくられた高圧電流は点火プラグで火花になって混合気を燃焼させます。その点火プラグをメンテナンスすることは、バイクの調子を把握するひとつの手段です。

◾電極放電と電極の消耗

シリンダーの中で圧縮された**混合気**を燃焼させて、エンジンは動力を得ています。ところがガソリンは高温下でも自己着火しにくいため、燃焼させるにはガソリンと空気の混合気に正確かつ確実にタイミングよく火を点けなければなりません。この役割を務めているのが**点火プラグ**です。火花は、点火装置でつくられた高圧電流がプラグ中心部を貫通する中心電極に流れると、接地電極との間（**火花ギャップ**）に放電が起こって発生します（上図）。

電極はこの放電によって消耗していきます。特に中心電極は接地電極より高温になるため、消耗はより速く進みます。消耗が進むと、電極端面の角が丸みを帯びるようになります。電極が消耗して火花ギャップが広がっていくと火花が十分に飛びにくくなり、エンジンの性能を低下させる原因になります（下図①）。

◾点火プラグのメンテナンス

メンテナンスとしては、火花ギャップや電極の点検、カーボンの除去などがあります。火花ギャップが広すぎたり、電極が摩耗していると火花が正常に飛びにくくなり、始動や加速不良の原因になるため、規定範囲を超えている場合は交換します。くすぶりは電極などにカーボンが付着した状態で、かぶりは電極が燃料やオイルにより濡れた状態です（下図②）。これらによって性能が低下した点火プラグは、清掃で再利用が可能になります。汚れた電極のカーボンなどをパーツクリーナーを使って除去します。ワイヤブラシの使用は電極に悪影響を及ぼす恐れがあります。特に電極が細いイリジウムプラグは曲がることがあるので、避けたほうが賢明です。

くすぶりやかぶりはキャブレターの不具合やインジェクターの不良、エアクリーナーの整備不良、プラグ熱価の選定ミスなどが原因で引き起こされるため、点火プラグのメンテナンスにとどまらず各部のメンテナンスを行うきっかけになります。

点火プラグは基本的に消耗品です。プラグメーカーはバイクの場合、交換距離を3,000〜5,000kmとしています。四輪車では15,000〜20,000km、軽自動車では7,000〜10,000kmですから、バイクのプラグは寿命が短いといえます。これはバイクのほうが常用回転域が高いからです。

⚙ 点火プラグの構造と点火のしくみ

点火プラグは高温・高圧の燃焼ガスにさらされながら、毎分1,000〜12,000回前後の割合で火花を正確に飛ばし続けなければならない。特に耐熱性・耐震性が要求される。

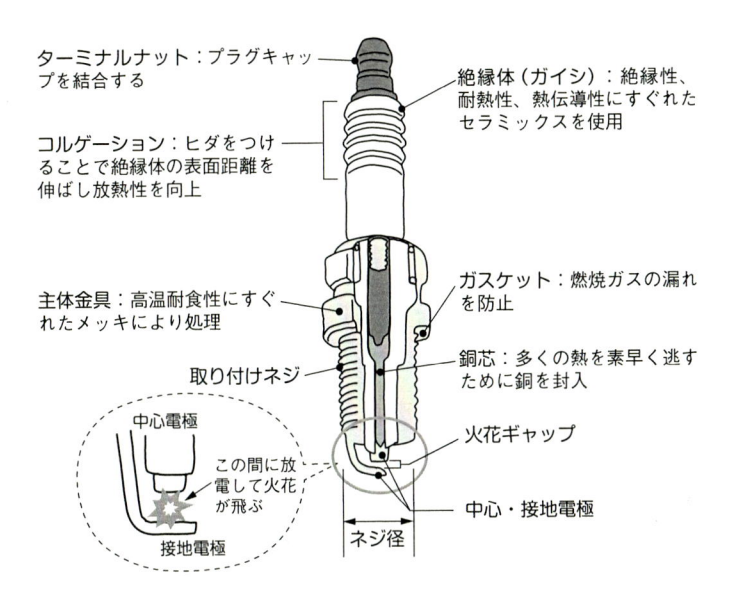

ターミナルナット：プラグキャップを結合する

絶縁体（ガイシ）：絶縁性、耐熱性、熱伝導性にすぐれたセラミックスを使用

コルゲーション：ヒダをつけることで絶縁体の表面距離を伸ばし放熱性を向上

主体金具：高温耐食性にすぐれたメッキにより処理

ガスケット：燃焼ガスの漏れを防止

取り付けネジ

銅芯：多くの熱を素早く逃すために銅を封入

中心電極

この間に放電して火花が飛ぶ

接地電極

火花ギャップ

中心・接地電極

ネジ径

⚙ 電極の消耗と「くすぶり」

電極は放電しやすい箇所から消耗していく。特に中心電極は接地電極より高温になるため消耗はより速く進む。消耗は電極の材質などによって変わるため、ニッケル合金や白金、イリジウムを採用して長寿命化を図ったものもある。

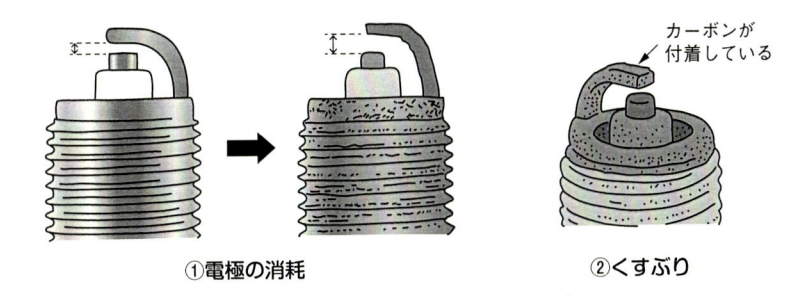

カーボンが付着している

①電極の消耗　　②くすぶり

POINT

◎点火プラグは清掃することによって再利用できるようになる
◎点火プラグの不具合の原因には外部要因もある
◎点火プラグは電極が消耗していくため交換が必要

発電装置の構造と役割

2-1

電気がなくては電装系は作動せず、エンジンを動かすこともできません。バッテリーに蓄えられた電気だけでは、すぐ消費されてしまいます。バイクにとって発電装置はとても重要です。

◪ 発電機の種類

　発電機には、交流発電機（ACジェネレーター、オルタネーター）と直流発電機（ダイナモ）がありますが、現在は発電効率のすぐれた交流発電機が使われています。**AC ジェネレーター**は発電コイルと永久磁石で構成されています。通常、エンジンの左下側にあります。クランクシャフトの左端部に直結された**フライホイール**に永久磁石を貼り付け、フライホイールに収まる形で発電コイルが取り付けられています。クランクシャフトの回転と同期してフライホイールが回転し、一緒に回転する磁石が発電コイルの周りを回ることで磁界が変化してコイルが発電します（上図）。スーパースポーツモデルのようにエンジン幅が広がることを嫌って（車体を傾ける角度に影響を及ぼすため）エンジンの背面に搭載することもあります。

　交流発電機には発電コイルが1系統の単相式と、3系統の三相式があります。単相式は、発電量は少ないものの構造は比較的単純でコスト的にもメリットがあることから、電力消費の少ない原付スクーターなどに使用され、それより排気量の大きいバイクには三相式が採用されていましたが、電子制御化が進んだことから、今では原付にも三相式が採用されるようになっています（中図）。

◪ 整流と電圧を制御するのがレギュレートレクチュファイヤー

　ACジェネレーターで発電されるのは交流電流ですが、一方電装品は直流電流で作動し、バッテリーは直流で充放電しています。そのため交流を直流に変換する必要があります。この役目を担ってるのが**レクチュファイヤー**（整流器）です。レクチュファイヤーは、一定方向にしか電流を流さないダイオードを使って交流を直流に整流しています。

　ジェネレーターは、エンジン回転数が高くなると発電量も増加、それに従い電圧も高くなります。このままではバッテリーの過充電などの問題が生じるので、電圧をある一定レベルに制御しなければなりません。その役割を果たしているのが**レギュレーター**です。ツェナダイオード（三相式）を用いて電圧をコントロールしています。以前は、レギュレーターとレクチュファイヤーは別個でしたが、現在は一体になっていることから**レギュレートレクチュファイヤー**と呼ばれています（上図）。

✿ ACジェネレーターの構造

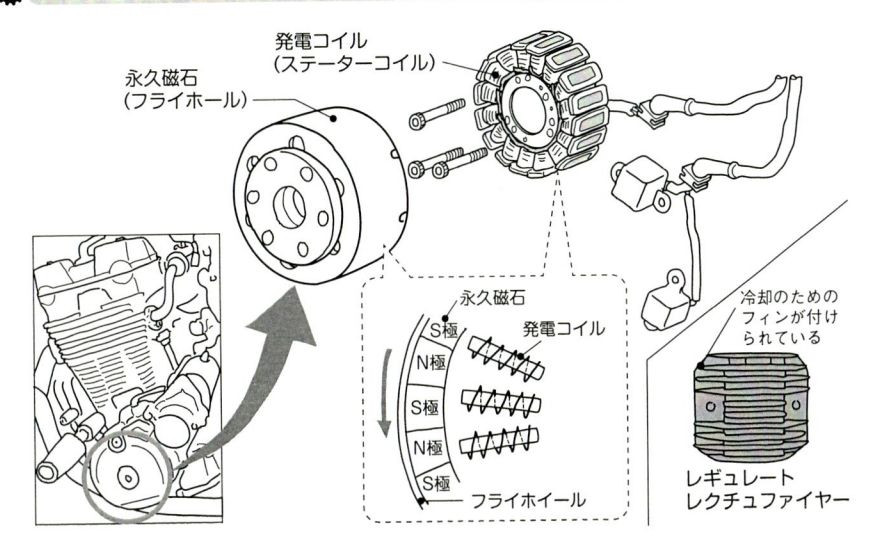

✿ 単相と三相

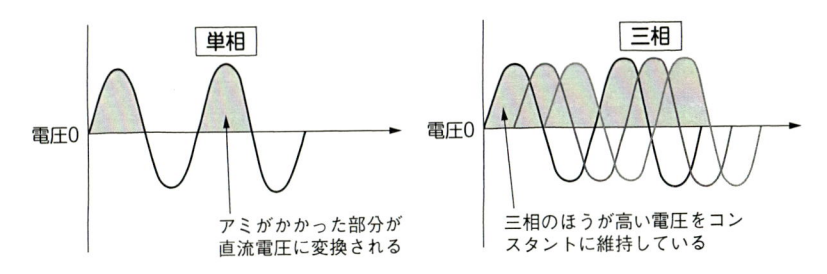

✿ ACジェネレーターの故障を電圧で判断する方法

- ・エンジン始動後にバッテリー端子間の電圧をテスターで計測する。12V以下に下がったら故障している可能性がある。
- ・エンジン回転数を3,000rpm以上に保ってバッテリー端子間の電圧を計測する。14.5V〜15.0V弱程度なら異常なし（車種によって数値は前後するので、ひとつの目安である）。
- ・上の条件で、14V以下あるいは15V以上になる場合は、レギュレーターに問題がある可能性がある。

POINT
◎現在は交流発電機が主流となっている
◎整流はレクチュファイヤーが、電圧制御はレギュレーターが担う
◎レギュレートレクチュファイヤーは整流と電圧制御を行う

バッテリーの種類とメンテナンス

昨今では、バイクのエンジンはセルモーターによって始動されるのが一般的です。電気がないと、動かすこともできません。セルを回し、蓄えた電気を電装部品に供給しているのがバッテリーです。

◤鉛電池とリチウムイオン電池

バイク用バッテリーには、鉛バッテリーとリチウムイオンバッテリーがあります。鉛バッテリーは開放型とMF（メンテナンスフリー）型の2種類があります。電気分解や蒸発によって電解液（希硫酸）中の水が失われるため、開放型は精製水の補充が必要なのに対し、MF型は発生したガスを電池内部で処理することで電解液の減少を防ぐなど、水が減少しにくい構造になっています。このため補水メンテナンスを不要にしています。そのメンテナンス性のよさなどから、現在はMF型が主流になっています。MF型にはジェルタイプの電解質を採用してシール化した密封式もあります。これは横置きに搭載できるというメリットがあります（上図）。

バイクに使われている**リチウムイオンバッテリー**は、正極材料にリン酸鉄リチウム（$LiFePO_4$）を用いたリン酸鉄リチウムイオンバッテリーで、リチウムフェライト（リフェ）バッテリーとも呼ばれています。他の正極材料を使用しているリチウムイオンバッテリーより発火しにくく比較的安全なことから、昨今自動車やバイクの始動用電池として注目されています。従来の鉛バッテリーと比べて小型・軽量で、充放電のサイクル寿命が長く、自己放電が少ないのが大きな特徴です。鉛タイプよりもエネルギー密度が高く、急速放電特性もすぐれていることから、比較的小さな容量でもエンジンを始動させる力（クランキングパワー）が得られるほか、電極素材の軽さ（比重が少ない）や使用重量の少なさにより、小型化・軽量化が図れます。その反面、過充電や過放電に弱く、MF型と比較して価格も割高です。

◤バッテリーのメンテナンス

バッテリーにとって過充電や過放電は、性能低下や寿命短縮を招く要因になっています（下図）。また暗電流や自己放電により自然に電圧は低下していきます。MF型といっても例外でありません。このため定期的に電圧をチェックし、適宜充電します。その際にはタイプに応じて充電器を選択してください。例えば、開放型専用の充電器でMF型を充電すると、バッテリーの故障や寿命短縮を引き起こす恐れがあります。リチウムイオンバッテリーは、より厳しい電圧管理が求められることから、専用充電器を使う必要があります。

✿ MF型バッテリー(密封式)

MF型はバッテリー内部に発生するガスを電極板に吸収させ、また電解液を綿状のセパレーターに浸み込ませることで余分な液を出なくしている。このためバッテリーの上部はシールされ、開けられないようにしている。ただ過充電により、ガスが大量に発生した場合に備えて安全弁が設けられている。

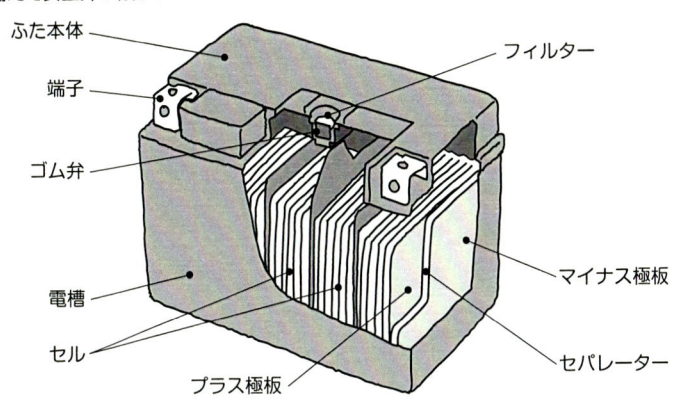

✿ サルフェーションの発生

バッテリーにとっては満充電状態が一番よく、逆に過充電や過放電は短命化を招く。そのため定期的に電圧を計測して充電したり、長期間乗らないときはバイクからバッテリーを外す(マイナス極を外してもOK)。鉛バッテリーの場合、サルフェーションの発生がバッテリー上がりや劣化の大きな原因になっている。これは、電極板の周辺に硫酸鉛($PbSO_4$)が密集・固着する現象。絶縁物質である硫酸鉛が広がると十分に電気が通らなくなり、寿命を迎えることになる。硫酸鉛は放電時に発生し、充電時には電解液に戻るが、充放電の繰り返しや電圧が低下すると結晶化して電極板に固着し、サルフェーションが進行する。MF型の充電器にはサルフェーション除去機能や、微弱な電流で充電し満充電になるとさらに微弱な電流で満充電状態を保つトリクル充電機能を備えたものもある。

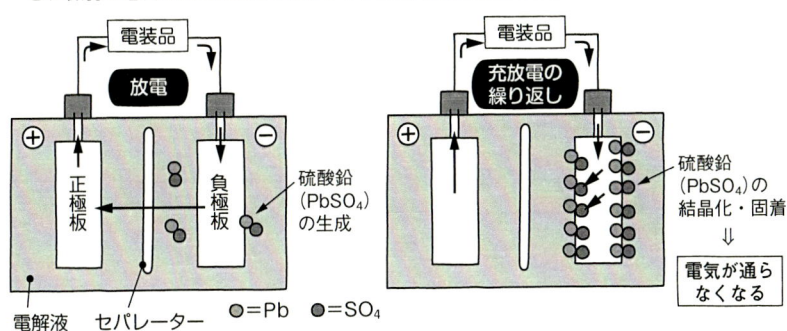

> **POINT**
> ◎バイク用バッテリーには、鉛バッテリーとリチウムイオンバッテリーがあり、鉛タイプには開放型とMF型がある
> ◎メンテナンスのポイントは、電圧の管理

エンジン制御技術の概要

エンジンの電子制御は、センサーからの情報をもとにECUが車体の状況を分析・判断し、燃料噴射量や点火タイミングの変更、前後ブレーキへの油圧の分配比率の調整などを総合的に行っています。

▮進化するエンジン制御技術

最新のスーパースポーツ車では、ノーマルでもエンジン出力が150kW（約200馬力）を超えるものが珍しくなく、サーキットですら使いこなすことが難しくなっています。このため、各種のセンサー情報をもとに**ECU（エレクトロニック・コントロール・ユニット）**がエンジン出力をコントロールしています。

当初のエンジン制御は、エンジン回転数やアクセル開度、ギヤ段数などから点火時期をコントロールする程度でしたが、最新のバイクでは、センサー技術やモーターの精密制御、ECUの情報処理能力の向上などにより、車体の姿勢、加速度や減速度などから精度の高い走行状況の把握をし、より複雑なスロットルバルブの開閉や燃料噴射量、点火時期のコントロールなどを行うことで、タイヤがスリップしてからの制御ではなく、スリップを事前に予測して細かなエンジン出力制御を行うようになっています（表）。

また、制御内容も通常の制御モード以外にパワーモードやレインモードなど複数の制御パターンを用意するとともに、前後のサスペンションの減衰力制御やオートブリッピング機能としてクイックシフターとの連動なども行っています。

▮エンジン制御装置のセッティングの目的

このように、最新のエンジンはさまざまな**センサー**からの情報をもとに非常に高度な制御を行っていますが、あくまでバイクメーカーが決めた仕様を基準にした平均値を最適化しています。

このため、ライダー個人の好みや細かなバイクの使用状況、車両のチューニングの状態などによっては、調整を行うことでより扱いやすいバイクにすることも可能です。

エンジン制御の調整範囲は、バイクの仕様やバイクメーカーが提供するセッティングツールなどによって異なります。

燃料の噴射量や点火時期の調整といった基本的な項目以外にも、**トラクションコントロール（TRC）**やエンジンブレーキの効き具合、エンジントルクの発生程度などをコントロールできるものもあります。

⚙ 電子制御化されている主な部品・機能

分類	機能・装置	制御内容	主な使用センサー類	計測内容または目的
エンジン関連	燃料供給装置	燃料(供給)噴射量の調整	スロットルポジションセンサー	アクセル開度に応じた燃料噴射量の判定
			O₂センサー	排気ガス中の酸素濃度の計測による混合気濃度の判定
			吸入空気圧センサー	圧力変化の計測による噴射タイミングの判定および吸入空気量の計測および補正
			吸入空気温センサー	吸入空気量の計測および補正
			冷却水温/エンジン温センサー	コールドスタート時の燃料噴射量の補正
			カム角センサー	燃料の噴射タイミングの判定
	点火装置	点火タイミングの調整	クランク角センサー	エンジン回転数やピストン位置の確認
			カム角センサー	カムの位置を確認し点火タイミングを判定
			スロットルポジションセンサー	アクセル開度に応じた点火タイミングの補正
			ギヤポジションセンサー	ギヤ段数に応じた点火タイミングの補正
	アクセル/スロットル	スロットルバルブ開閉	スロットルポジションセンサー	スロットルバルブの開閉度の確認
	バルブタイミング機構	吸排気バルブ開閉タイミングの変更	クランク角センサー	エンジン回転数やピストン位置の確認
			ギヤポジションセンサー	ギヤ段数に応じた吸排気バルブの開閉タイミングの補正
			スロットルポジションセンサー	加速状態か減速状態かの判定と吸排気バルブの開閉タイミングの補正
車体関連	ブレーキ装置 ※	タイヤロック防止	前後ホイールセンサー	前後タイヤの回転数の確認
	トラクションコントロール	出力抑制	前後ホイールセンサー	前後タイヤの回転数の確認
			スロットルポジションセンサー	スロットル開度の確認
			クランク角センサー	エンジン回転数の確認
			スピードセンサー	車速の確認
			ギヤポジションセンサー	ギヤ段数の確認
	サスペンション	減衰力調整 プリロード変更	スピードセンサー	車速に応じた減衰力やプリロードの調整
	ステアリングダンパー	減衰力変更	スピードセンサー	車速に応じた減衰力の調整
			Gセンサー	加減速の状態を判断し減衰力を調整

※ ABS、前後輪連動ブレーキシステム、スタビリティコントロールなど

POINT

◎各種センサーからの情報をもとに、燃料系や点火系、ブレーキ系などをトータルに制御して、バイクをより安全に走らせることができるように各部の機能をコントロールしている

エンジン制御装置のセッティング

エンジン制御装置のセッティングは、メーカーが供給するソフトを使う場合と社外品のコントローラーを取り付けて行う場合があります。いずれも高い知識と経験が要求される作業です。

■バイクメーカーの供給するソフトウェアでのセッティング方法

エンジン制御装置のセッティングは、一般的にはパソコンに専用ソフトをインストールし、専用のワイヤーハーネスによってバイクのECU（エレクトロニック・コントロール・ユニット）とパソコンを接続したうえで、データの受け渡しをして行います。一部車種では、スマホ用アプリや専用のセッティングツールを供給している場合もあります。

セッティングの方法はソフトよって異なりますが、一般的なものではエンジン回転数1,000rpmごと、アクセル開度10％ごとに燃料噴射量を調整できます。また、急加速や急減速時の燃料噴射量補正も別途調整が可能です。このため、キャブレター式と比べると非常に細かな調整が可能になります。

基本セッティングができてしまえば、**センサー情報**によって多少の補正が入るため、点火時期も同様に1,000rpmごと、アクセル開度10％ごとで調整できます。

ただし、これらの調整は、**キャブレター**のセッティングと同様にエンジンの燃焼状態を正しく把握し、変更する方向性が理解できていなければ難しいため、経験と知識のあるバイクショップに依頼するのがいいでしょう。

■ソフトウェアの供給がない場合のセッティング方法

セッティング用ソフトやツールがバイクメーカーから提供されていない場合は、社外品のコントローラーを取り付けることでセッティングが可能になります。

コントローラーには**サブコン**（サブコンピューター）と呼ばれるパーツをセンサーとECUの間に追加してセンサー情報を補正して調整するタイプと、ECUそのものを交換するタイプ（**フルコン**）があります（図①、②）。

サブコンの場合、調整できる内容や範囲は限られますが、比較的簡単に調整ができます。フルコンの場合は、さまざまな調整が可能になりますが、ECUはもちろんハーネス類もすべて交換する必要があります。

また、制御するすべての項目に設定値を設定する必要があるため、セッティングするためには高度な知識が必要になります。そのほか、必要に応じてセンサー類の追加と追加のための加工作業も発生します。

⚙ サブコンとフルコンの制御の違い

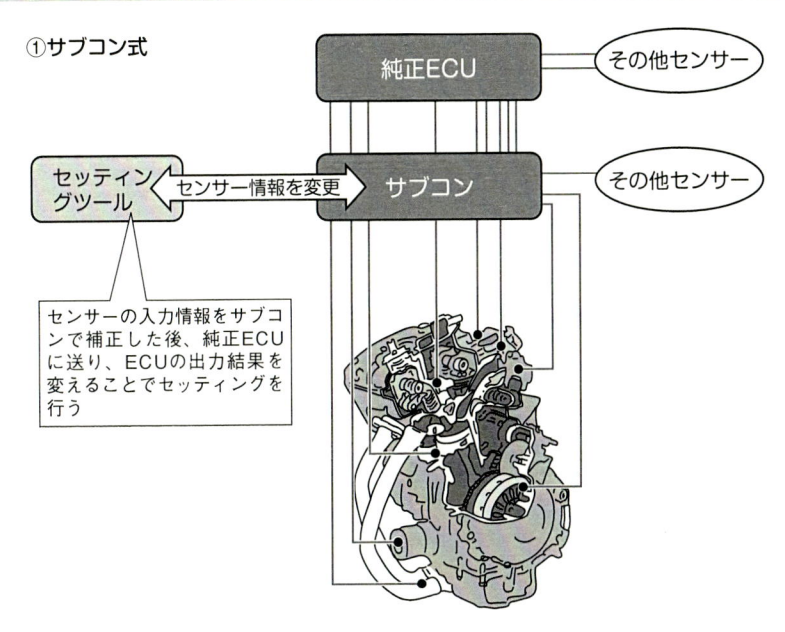

①サブコン式

純正ECU ── その他センサー

セッティングツール ←センサー情報を変更─ サブコン ── その他センサー

センサーの入力情報をサブコンで補正した後、純正ECUに送り、ECUの出力結果を変えることでセッティングを行う

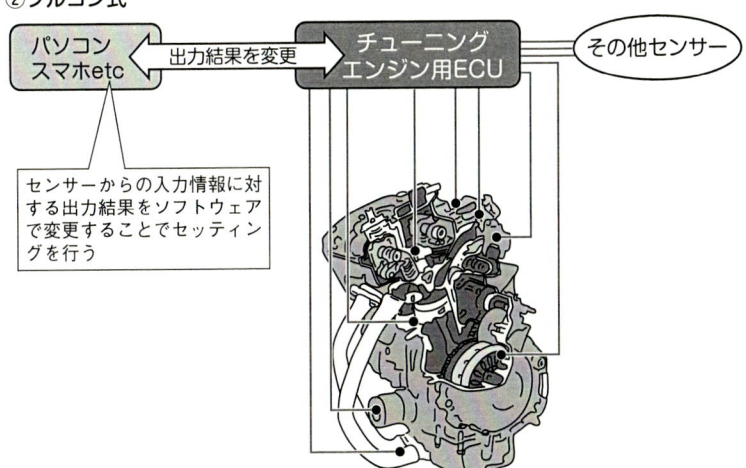

②フルコン式

パソコンスマホetc ─出力結果を変更→ チューニングエンジン用ECU ── その他センサー

センサーからの入力情報に対する出力結果をソフトウェアで変更することでセッティングを行う

POINT

◎バイクメーカーが供給するソフトウェアでセッティングする場合と、社外品のコントローラーを取り付けてセッティングする場合がある
◎高度な知識と経験が必要になるのでプロに任せるのが無難

エンジン電装系
のチューニング

　混合気を燃焼させ、より多くのエネルギーを取り出すためには、点火タイミングと火花の強さ（点火力）が重要です。最適な点火タイミングは、エンジン回転数や負荷の状態などによって変化します。現在は電子進角システムによって、エンジン回転数やギヤポジション、アクセル開度などをもとに最適な点火タイミングになるようにプログラムで制御されており、チューニングにより仕様が変わったエンジンでは、チューニングパーツの点火システムを使用して点火タイミングを調整する必要があります。

　また混合気への点火力を高めることで、燃焼効率を改善することも可能です。点火力を高めるにはさまざまな方法がありますが、簡単なものでは放電特性のよい（火花の飛びやすい）スパークプラグへの交換や電気抵抗の少ないプラグコードに交換する方法などがあります。現在スーパースポーツ車で主流となっているダイレクトIGは、プラグコードそのものを省略することでロスをなくすとともに、プラグごとにIGコイルを配置することで点火力を向上させています。プラグやコード以外に、バッテリーからIGコイルへ流れる1次側電圧の昇圧や1次コイルと2次コイルの巻き数の比率を大きくするなどして、点火プラグに流れる電圧値を増してより強い火花を飛ばすチューニングもあります。

　そのほか、従来は火花を1回だけ飛ばしていたものを、1回の燃焼工程時に複数回放電させて着火性能を向上させるマルチスパーク（複数回点火）システムと呼ばれるものもあります。特にCDI方式の点火システムの場合は、フルトランジスタ方式と比較すると火花の放電時間が短いため、低回転時などではプラグのカブリや着火不良などが発生しますが、1回の燃焼工程時に複数回放電することで点火力が改善されます。

　ただし、これらのシステムはプラグやコード類への負担が大きく定期的な点検が必須になります。また現在の点火システムはバッテリー電源によって作動するため、バッテリーや充電系等の点検が重要になります。

第4章

動力伝達機構編

The chapter of
power transmission system

動力の伝達と減速作用

エンジンで発生した動力はリヤタイヤまで伝えられますが、その間にはクラッチやトランスミッション、減速機構などがあって、状況に応じた走りができるようにそれぞれの役割を果たしています。

　動力伝達機構は、エンジンで生まれた動力をリヤタイヤまで伝えます。動力は、1次減速機構→クラッチ→トランスミッション→2次減速機構と伝達されて、リヤタイヤを駆動させています（上図）。

①**1次減速機構**：クランクシャフトから動力を取り出すとき、ギヤによって回転数を下げるとともに、**減速作用**によりトルク（回転力）を増加させます。

②**クラッチ**：1次減速機構で減速した動力をトランスミッションに伝えるとともに、状況に応じて断続させます。

③**トランスミッション**：走行状態（坂道を登る・下る、高速で走るなど）に合わせてギヤ比を変える（＝変速する）ことで駆動力を変化させます。

④**2次減速機構**：1次減速機構からトランスミッションまで伝わってきた動力を、減速しながらリヤタイヤに伝えます。その役割から**最終減速機構**とも呼ばれます。エンジン側にドライブギヤ（回す側）、ホイール側にドリブンギヤ（回される側）を持ち、その間をチェーンやコグドベルト、シャフトなどを使って減速しながら動力を伝達します。

■減速作用は回転数を落として回転力を上げる

　ここで、減速比と減速作用について解説しておきます。下図①のように、入力側のギヤの歯数を12、出力側のギヤの歯数を24とすると、24のギヤが1回転する間に12のギヤは2回転することになります。つまり、24のギヤの回転数は12のギヤの2分の1で、逆に回転する力（回転力＝トルク）は2倍になります（理論上、回転数×トルクは常に一定になる）。

　回転数を2分1にすることで2倍のトルクが得られたわけですが、この減速する比率を**減速比**といいます。減速比は、入力側と出力側2つのギヤの回転数の比、およびギヤの歯数の比で表されます。

　　減速比＝出力側歯数÷入力側歯数

　バイクの動力伝達機構では、この減速作用を利用して1次減速機構→トランスミッション（変速機）→2次減速機構の3段階で減速し、そのときの状況に合ったトルクが得られるようにしています。

✿ 動力伝達の流れ（イメージ図）

動力伝達装置は、クラッチやトランスミッション、減速機構によって必要のないときは力が伝わらないようにしたり、用途に合わせたトルクを引き出したりして、効率よく動力をリヤタイヤに伝えている。

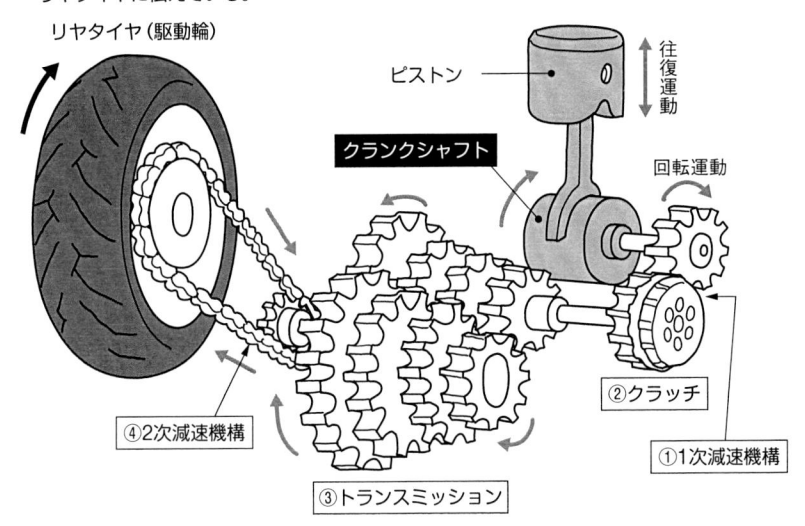

リヤタイヤ（駆動輪）

ピストン

往復運動

クランクシャフト

回転運動

②クラッチ

④2次減速機構

①1次減速機構

③トランスミッション

✿ 減速作用と減速比

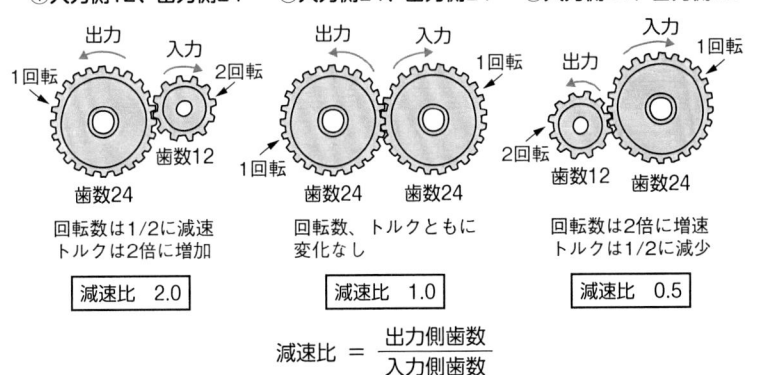

①入力側12、出力側24

出力　入力

1回転　2回転

歯数12

歯数24

回転数は1/2に減速
トルクは2倍に増加

減速比　2.0

②入力側24、出力側24

出力　入力

1回転

1回転

歯数24　歯数24

回転数、トルクともに
変化なし

減速比　1.0

③入力側24、出力側12

入力

1回転

出力

2回転

歯数12　歯数24

回転数は2倍に増速
トルクは1/2に減少

減速比　0.5

$$減速比 = \frac{出力側歯数}{入力側歯数}$$

POINT

◎エンジンで生まれた力は、動力伝達機構によって状況に応じたエンジン回転数や駆動トルクに調整されてリヤタイヤまで伝えられる
◎ギヤによって回転数を下げ、トルクを上げることを減速作用という

1次減速機構の種類と構造

クランクシャフトから取り出された動力(回転力)は、まず1次減速機構で減速されます。これは、プライマリードライブギヤとプライマリードリブンギヤの間で行われます。

毎分10,000回転を超える**クランクシャフト**の回転をそのままリヤタイヤに伝えようとしたら、クラッチやトランスミッションに大きな負荷がかかります。そのため、クランクシャフトとクラッチの間で回転数を落として、クラッチ焼けを防いだり、変速のショックをやわらげたりしています（**1次減速機構**）。また、**減速作用**によって、トルクを増大させています（*前項参照*）。

1次減速機構は、クランクシャフトに設けられた**プライマリードライブギヤ**（動力を伝える側）でクラッチハウジングなどに取り付けられた**プライマリードリブンギヤ**（動力を伝えられる側）を回転させ、減速しながら動力を伝達します（上図）。伝達方式には一般的なギヤ式やチェーン式、チェーンとギヤの併用式があり、エンジンの構造などによって使い分けられています。

1次減速機構の減速比は、エンジン仕様や2次減速比との関係などによって異なりますが、1.5～4.5程度で設定されています。エンジン回転数：5,000回転、発生トルク：50N·mの場合、減速比が2であれば減速作用により回転数は半分の2,500回転に、トルクは倍の100N·mになります。

◾1次減速機構の種類

①**ギヤ式**：クランクシャフトのプライマリードライブギヤがクラッチハウジング外周部などに取り付けられたプライマリードリブンギヤを直接駆動します（下図）。コンパクトで動力を効率よく伝えることができ、**減速比**も大きくできるため高回転エンジンに向いています。ただ、ギヤの加工に高い精度が必要であり、ギヤどうしが直接接触するためノイズが発生しやすくなります。また、構造上使用できるエンジン形式が限られます。

②**チェーン（ベルト）式**：ギヤどうしをチェーンやベルトを介して連結しており、ノイズが少なく、スプロケットを使用するため工作精度も低くできます。ただ、ギヤ式ほど減速比を大きくできないため高回転エンジンには向きません。また、広いスペースが必要になります。

③**ギヤ・チェーン併用式**：設計上の自由度が高くエンジンの構造上や配置上ギヤ式が採用できない場合に採用されます。ただし構造が複雑で重量も重くなります。

⚙ 1次減速機構のイメージ図

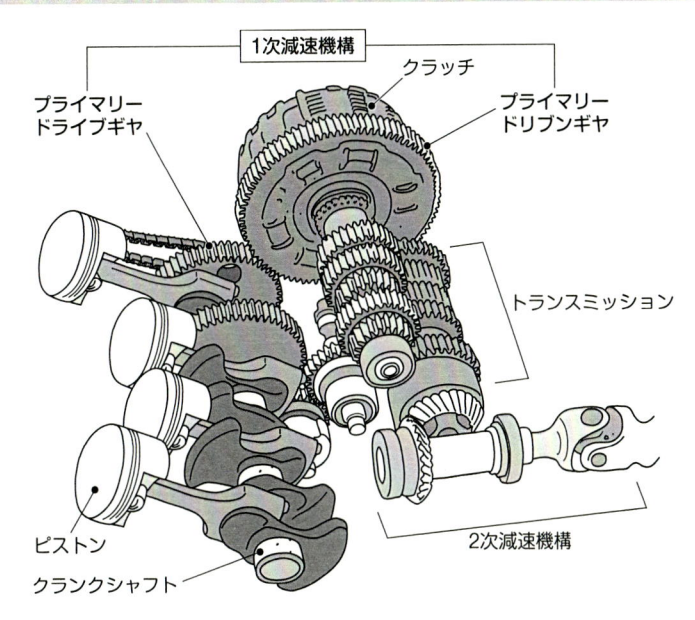

1次減速機

クラッチ

プライマリー
ドライブギヤ

プライマリー
ドリブンギヤ

トランスミッション

ピストン

クランクシャフト

2次減速機構

⚙ ギヤ式1次減速機構

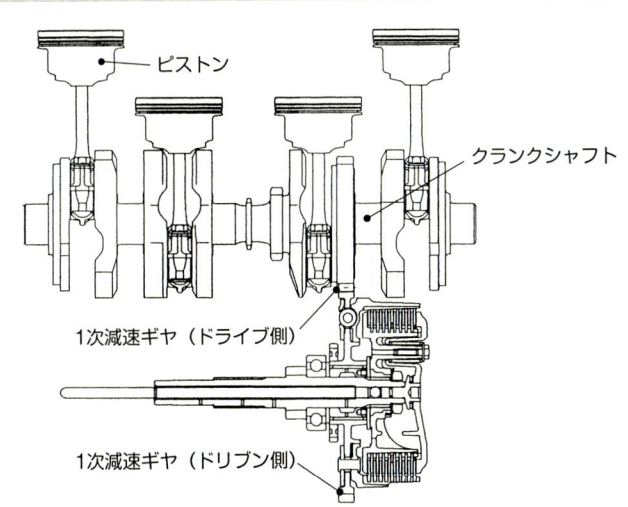

ピストン

クランクシャフト

1次減速ギヤ（ドライブ側）

1次減速ギヤ（ドリブン側）

POINT

◎1次減速機構はクランクシャフトの回転を大きく減速する
◎1次減速機構はギヤ式のほかにチェーン式、ギヤ・チェーン併用式があり、エンジンの構造などに応じて使い分けられている

2次減速機構の種類

エンジンで生まれ、1次減速機構→トランスミッションと伝わってきた動力は、2次減速機構でさらに減速されて（最終的な減速）、リヤタイヤに伝達されます。

98頁で見たように、バイクのエンジンはその構造から大きな**減速比**が設定できないため、1次減速機構→トランスミッション→2次減速機構の3段階で減速しています。**2次減速機構**は、リヤタイヤに動力を伝えるため、**最終減速機構**とも呼ばれます。

2次減速機構は、動力の伝達のしかたによって4種類に分けられます。

（1）チェーンドライブ式（図①）

もっとも一般的な方式で、ドライブスプロケット、ドリブンスプロケット、チェーンで構成されています。ドライブスプロケットとドリブンスプロケットのギヤ比で**最終減速比**が決まります。

◉メリット：構造が簡単で軽量、減速比の変更が容易、チェーンがたわむことによりショックの吸収性がよい、低コスト。

◉デメリット：最終減速比をあまり大きくできない、チェーンの張り調整や注油など定期的なメンテナンスが必要。

（2）ベルトドライブ式（図②）

チェーンドライブ式のスプロケットの代わりに歯付きプーリー、チェーンの代わりにコグドベルトを使って動力を伝達します。一般的にはあまり使われていません。

◉メリット：チェーン式に比べてベルトの伸びや騒音が少なく、重量も約4分の1と軽量、注油の必要がなくメンテナンスが簡単。

◉デメリット：ベルトとプーリーの間にごみがかみ込む、チェーンに比べて幅が広く、ワイドタイヤのバイクには使用しにくい。

（3）シャフトドライブ式（図③）

ベベルギヤ、ドライブシャフト、ユニバーサルジョイントから構成され、ドライブシャフトがスイングアームの片側を兼ねています。

◉メリット：チェーン式などに比べて耐久性、静粛性、伝達効率にすぐれ、メンテナンスの必要が少ない。

◉デメリット：構造が複雑で重く、アクセル操作によって操縦性に影響がある。

このほかに、スクーターなどの遠心式無段変速機で使用されるギヤ式があります。

⚙ 2次減速機構の種類

①チェーンドライブ式

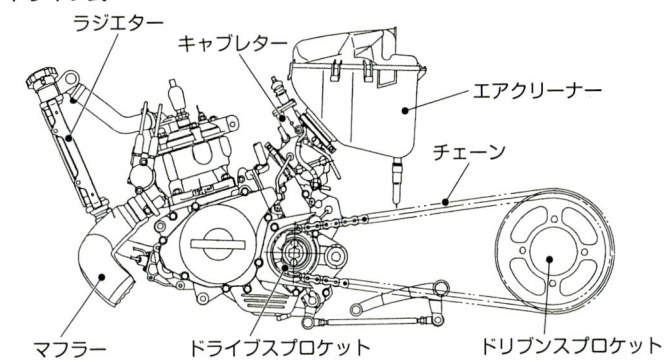

ラジエター　キャブレター　エアクリーナー　チェーン　マフラー　ドライブスプロケット　ドリブンスプロケット

②ベルトドライブ式

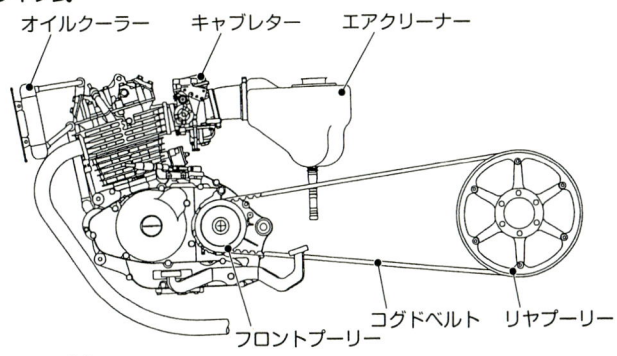

オイルクーラー　キャブレター　エアクリーナー　フロントプーリー　コグドベルト　リヤプーリー

③シャフトドライブ式

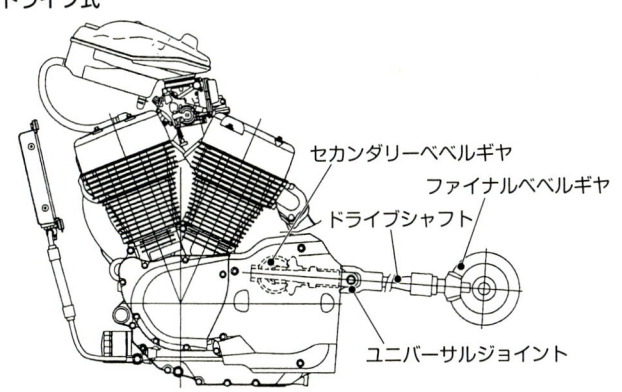

セカンダリーベベルギヤ　ファイナルベベルギヤ　ドライブシャフト　ユニバーサルジョイント

POINT
◎トランスミッションとリヤタイヤの間で最終的な減速をする
◎チェーンドライブ式、ベルトドライブ式、シャフトドライブ式、ギヤ式があり、バイクの種類や構造に応じて使い分けられている

２次減速機構のメンテナンス

チェーンやスプロケットのメンテナンスは基本的に注油になりますが、ふだんから、チェーンの遊び量やスプロケットの歯先の状態などをチェックしておくようにします。

1-4

チェーンドライブ式は、一部のビジネスバイクを除いて、**チェーンやスプロケット**トが露出しているため、定期的なメンテナンスが必要になります。基本的には注油になりますが、高速で回転するチェーンには粘度の高い専用オイルを使用しており、ほこりや泥、砂などが付着します。このため、チェーンクリーナーや灯油、使い古した歯ブラシなどで洗浄し、一旦オイルとともにほこりや泥、砂などを落としてから注油します。なお、洗浄時にガソリンを使用すると、**シールチェーン**の場合はOリングを劣化させる原因になります（上左図）。

■チェーンの遊び量調整

通常、リヤタイヤは**スイングアーム**を介してフレームに取り付けられていますが、スイングアームの**ピボット**部とドライブスプロケットの位置が異なり、スイングアームが上下動すると前後のスプロケット間の距離が変化するため、チェーンの長さには一定の余裕（遊び量）が必要になります（上右図）。

遊び量は、サスペンションのストローク量が少ないロードモデルでは20〜25mm程度、ストローク量の多いオフロードモデルでは40〜50mm程度が目安になります（下左図）。遊び量の調整はスイングアーム端部のアジャスターを使ってリヤホイールアクスルシャフトの位置を動かすことで行います。

■チェーンとスプロケットの交換時期の判断

チェーンやスプロケットは定期的な摩耗点検が必要になります。チェーンの場合は、全体の伸び、および部分的な固着や伸び、サビの発生の有無を確認します。全体の伸びはスイングアームのチェーンアジャスターの引き量でも判断できますが、正確に判断するには新品時の長さに対してどの程度の伸びが発生しているか確認します。シールチェーンの場合、一般的には使用限度は1%程度となります。例えば520サイズのチェーンでは、1コマの軸間距離は5/8インチ（15.875mm）、120コマのチェーンであれば1,905mmとなり、その1%は約19mmとなります。部分的な伸び（タイヤを空転させたときにチェーンの遊び量が変化する）や固着、サビがあった場合も交換しますが、チェーンを交換する場合は前後のスプロケットも同時に交換します。スプロケットの交換時期は、歯先の摩耗状態で判断します（下右図）。

✿ シールチェーン

シールチェーンは、ピンとブッシュの間にグリースを入れ（107頁中図参照）、シールリング（Oリング）で封入しているため、潤滑が長期間保たれる。シールリングのゴム部分が破損するとグリースがあふれてしまうので、シールチェーン専用のグリースを使うようにする。

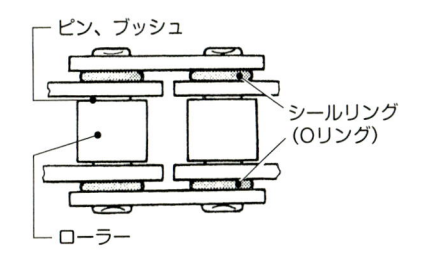

✿ 「遊び量」の必要性

ドライブスプロケットの位置とスイングアームのピボット部が異なるので、スイングアームが上下に動くと前後のスプロケット間の距離が変化する。そのため、チェーンには余裕（遊び量）が必要になる。

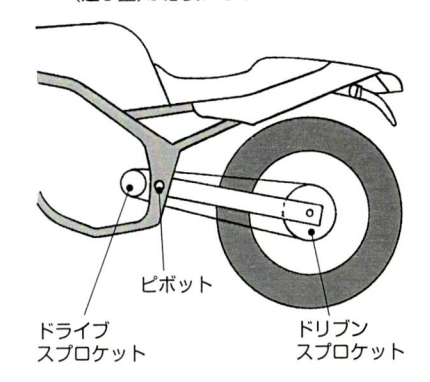

✿ チェーン上下の遊び量

チェーンは、ローラーなど各部が摩耗して徐々に伸びるため、定期的に「張り」を点検して調整する必要がある。点検はスイングアームの下側の中間位置で行う。遊びが多すぎるとチェーンが外れたりスイングアームと接触したりする。逆に少ないと走行抵抗が増す。

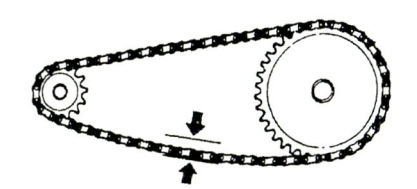

✿ スプロケットの交換目安

スプロケットは、歯先の摩耗状態や歯の厚さで交換時期を判断する。歯が欠けたり寝たりしているもの、薄くなっているものは交換する。スプロケットは、基本的に前後とチェーンをセットで交換する。

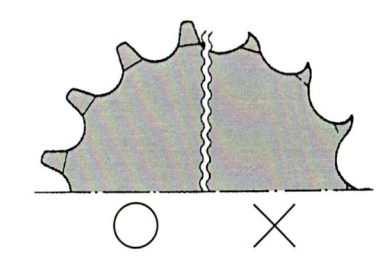

POINT
◎チェーンやスプロケットは定期的なメンテナンスが必要
◎チェーンの遊び量は、目安となる数値内に納める
◎スプロケットは、歯先の摩耗状態や厚さで交換時期を判断する

2次減速機構のチューニングとしては、エンジン出力や走行状況に応じて減速比を変更することになりますが、ギヤの形状変更やブッシュ、ドリブンスプロケットの交換をする方法もあります。

102頁でも述べましたが、**2次減速機構**はエンジンの動力をトランスミッションからリヤタイヤに伝えるとともに、最終的な減速を行っているため、**最終減速機構**とも呼ばれています。

◤2次減速比の変更目的

チューニングによりエンジン出力が向上した場合、本来であれば最高速度も向上しますが、最高速度はエンジン回転数と各ギヤの減速比、タイヤの外径でほぼ決定されるため、1次減速比やリヤタイヤの直径などが同じであれば、向上した出力に合わせて2次減速比を変更する必要があります。

例えばサーキットでは、もっとも長いストレート（直線路）の終わり近くで、アクセル全開時にトップギヤでエンジン最高回転数前後に達するように調整します。このため、ストレートの長い場所であれば**ドライブスプロケット**の歯数は多くなり（上図）、**ドリブンスプロケット**の歯数は少なくなって、ストレートの長さが短ければギヤ比は逆になり、最高速度は低くなりますが、加速力は向上します。スプロケットのセッティングでは、最高速重視を「ロング」、加速重視を「ショート」と呼びます。

◤2次減速機構のチューニング

2次減速機構のチューニングは、エンジン出力や走行状況に合わせて**減速比**を変更することになります。チェーンドライブ式の場合、それ以外にもギヤの形状変更、チェーンのオイルシールやブッシュなどの変更により、摩擦抵抗や回転抵抗を低減することもできます（中図）。

またドリブンスプロケットをより軽量なアルミ合金製のものに交換すると、わずかですがバネ下重量の軽減になり、リヤタイヤの路面追従性が向上します。

そのほかエンジン出力が向上するとチェーンの強度が不足して切断してしまうことがあるため、強度を確保するためにチェーンサイズの変更が必要になる場合があります（下図）。

チェーンサイズを変更する場合は、チェーンとギヤのピッチを合わせるためにドライブスプロケットとドリブンスプロケットも交換が必要になります。

✿ ドライブスプロケットとドリブンスプロケット

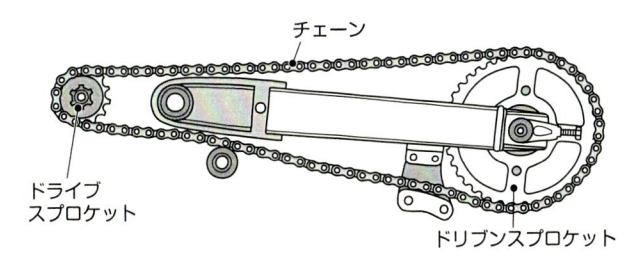

✿ チェーンの構造

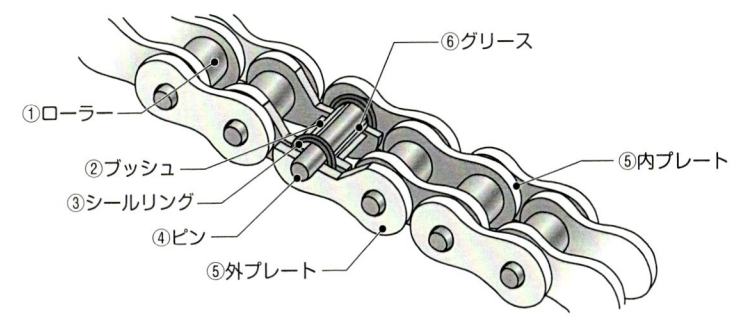

①ローラー：スプロケットとかみ合うことで生じる衝撃を吸収し、ピンやブッシュを保護する　②ブッシュ：ピンを支える軸受　③シールリング：ピンとブッシュの間のグリースを保持する　④ピン：内・外プレートと一緒にチェーンに掛かる荷重を支える　⑤内・外プレート：ピンと一緒に荷重を支える　⑥グリース：ピンとブッシュの間を潤滑する

✿ チェーンサイズの表し方

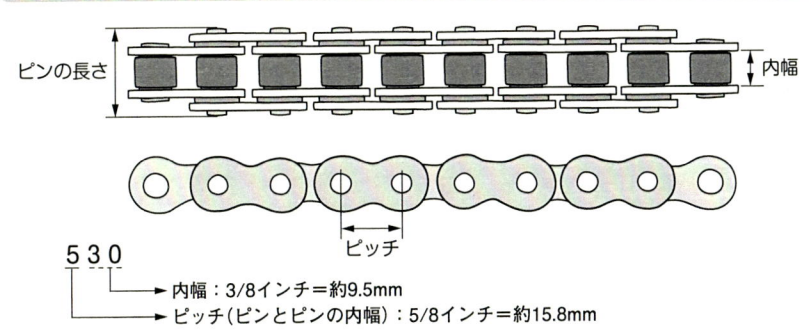

POINT
- ◎エンジン出力がアップした場合、2次減速比を変更する必要がある
- ◎ギヤの形状やブッシュの変更などにより摩擦抵抗を低減させることができる
- ◎チェーンサイズを変更する場合はスプロケットも交換する

クロスミッションの構造とねらい

クロスミッション（クロスレシオ化）によって、変速時のエンジン回転数の変化を抑えることができますが、スタート時に回転数を高めにするなど操作上の工夫が必要になります。

　トランスミッションはローギヤの**ギヤ比**（減速比）がもっとも大きく、トップギヤに向かってギヤ比（減速比）は徐々に小さくなります。

　変速をすると各ギヤの減速効果により、エンジン回転数は変化します。シフトアップするとエンジン回転数は下がり、シフトダウンすると回転数が高くなります。**クロスミッション**は通常のミッションよりもローギヤからトップギヤまでの減速比の差を小さくすることで、シフトアップ時のエンジン回転数の変化を少なくします。

■減速効果とクロスミッション

　加速力を維持するためには、有効な出力を発揮できるエンジン回転数域（**トルクバンド**）を維持する必要があります。例えば加速中にシフトアップすると、減速比の差が大きいミッションでは、エンジン回転数が大幅に下がってトルクバンドを外れてしまい、加速力が低下します。チューニングしたエンジンは出力が高くなる分、有効な力を発揮できるエンジン回転数域が狭くなる傾向があります。

　クロスミッションは減速比の差が小さいためシフトアップやシフトダウン時のエンジン回転数の変化が少なくでき、シフトアップ時にトルクバンドから外れにくくなります。またシフトダウン時のエンジンブレーキも緩和されます（上図・下図）。

　ただし、クロスミッションは各ギヤの減速比の差が小さいため、通常のものよりも頻繁にシフトチェンジする必要があります。また限られた段数の中で減速比の差を小さくするためには、基本的にはローギヤの減速比を大きくするタイプが多く、スタート時にエンジン回転数を高めにするなどの発進操作の工夫が必要になります。

■クロスミッションの導入

　トランスミッションは、2組のギヤを5〜6セット組み合わせて減速比を決定しています。このため、レース用部品などでは減速比を変えた1速ギヤや2−3速ギヤのセットを単体で購入し、組み替えて使用するなどしています。レース用部品の販売がない場合は、同系列のエンジンでギヤ比の異なるものがあれば、よりクロスしたトランスミッションに丸ごと交換したり、各ギヤの組み合わせを変えることでクロスミッション化することも可能です。ギヤの組み替えは、車種によりクランクケースの分解が必要です。また、技術を要するため専門のショップにお願いしましょう。

⚙ クロスレシオ化の一例

1速、2速をクロスレシオ化することによって、3速に近づけている。その結果、1速から3速までのギヤ比が近くなっているため、通常に比較してシフトアップしたときの回転を高く保つことができ、トルクバンドをキープすることが可能になる。

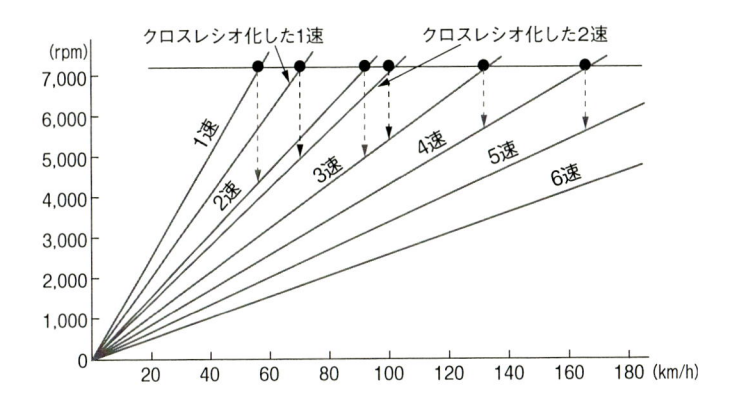

⚙ ワイドレシオとクロスレシオ

	ワイドレシオ		クロスレシオ	
	ギヤ比	ギヤ比の差	ギヤ比	ギヤ比の差
1速	2.846	―	2.846	―
2速	1.941	0.905	2.000	0.846
3速	1.500	0.441	1.631	0.369
4速	1.272	0.228	1.368	0.263
5速	1.136	0.136	1.250	0.118
6速	1.045	0.091	1.173	0.077

※ギヤ比の差（2速の場合）＝1速のギヤ比−2速のギヤ比
※ギヤ比の差が小さいほど、ギヤ比が接近（クロス）している

ワイドレシオとクロスレシオを比較すると、1速は同じギヤとなるが、2速以上は、各ギヤのギヤ比の差が小さくなるように設定している。クロスレシオ6速のギヤ比はワイドレシオの4速と5速の中間程度になるため、2次減速のギヤ比を変更して調整する。

POINT
◎クロスミッションは、各変速ギヤのギヤ比を近づけている
◎クロスレシオ化することによってシフトアップ時の回転の落ち込みを少なくして、回転を効率的に維持することができる

クラッチの種類と構造

2-1

クラッチの役割は、エンジンからの動力を切ったり伝えたりすることですが、いくつかの種類があります。冷却方式で分けると湿式と乾式があり、現在は湿式多板クラッチが主流になっています。

クラッチには、断続式と遠心式があります。通常の変速機構には断続式、スクーターなどの無段変速機構には遠心式が使われています。断続式は単板式と多板式に分けられ、高回転・高出力のエンジンには、より大きな力を伝えることができる多板式が使用されています。

多板式は、さらに冷却方法の違いによって湿式と乾式に分けられます（上図）。

湿式は、クラッチをオイルで冷やす方式で、クランクケース内にクラッチがあり、全体がオイルの中に浸かっています。市販車の多くがこの方式を採用しています。

乾式は、クランクケースの外部にクラッチが露出していて、走行風によって冷却します。主にロードレーサーや一部の市販車に使われています。

湿式のメリットは、オイルに浸かっているため冷却性、耐熱性、耐摩耗性にすぐれ、スタート時の半クラッチ操作が容易な点です。デメリットは、乾式に比べてエンジンの幅が広くなること、オイルの抵抗によりクラッチのキレが悪くなることです。

一方乾式のメリットは、オイルの抵抗がないためクラッチのキレがよく（ダイレクト感がある）、パワーロスが少なくて大きな動力を伝えられることです。デメリットは、クラッチ本体が外部に露出しているため、汚れに対する定期的なメンテナンスが必要なこと、空気で冷却するため湿式に比べて「焼け」などに弱く、半クラッチのときの操作がシビアになることです。

■現在主流の湿式多板クラッチの構造

多板クラッチは土台となるクラッチハウジングとクラッチボス、動力を断続するフリクションプレート（摩擦材）やクラッチプレート（金属製）、プレッシャープレート、クラッチスプリング、レリーズ機構などで構成されています。

クラッチハウジングの外周部には1次減速機構のプライマリードリブンギヤが取り付けられていて、クランクシャフトからの動力が伝達されます。一方、**クラッチボス**はトランスミッションと直結しています。クラッチハウジングとボスとの間にはクラッチハウジングと嵌合（はめ合う）した**フリクションプレート**と、クラッチボスと嵌合した**クラッチプレート**が交互に組み付けられており、クラッチスプリングによってプレッシャープレートに押し付けられています（下図）。

湿式クラッチと乾式クラッチ

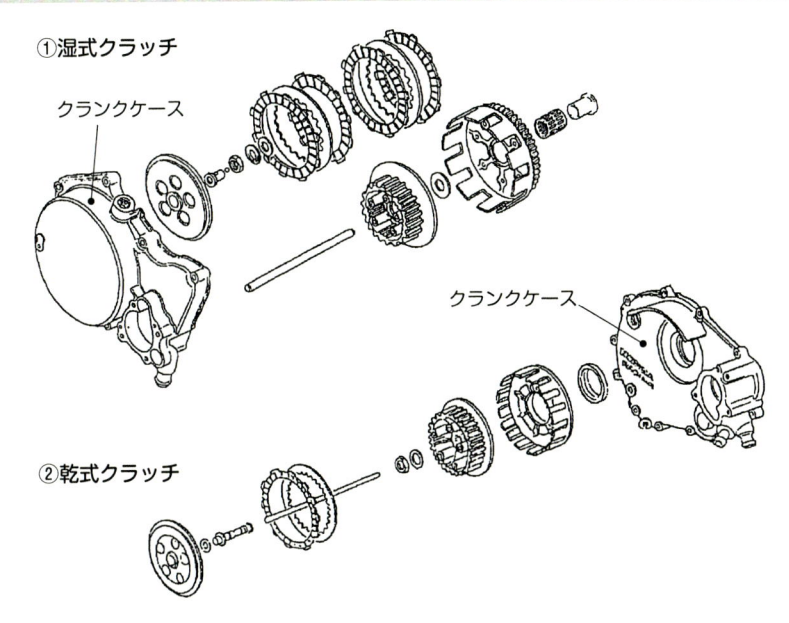

①湿式クラッチ

クランクケース

クランクケース

②乾式クラッチ

湿式多板クラッチの構造

クラッチボスはトランスミッションと直結、クラッチハウジングはクランクシャフトとともに回転している。クラッチプレートとフリクションプレートは、7〜10枚ずつ組み込まれている。

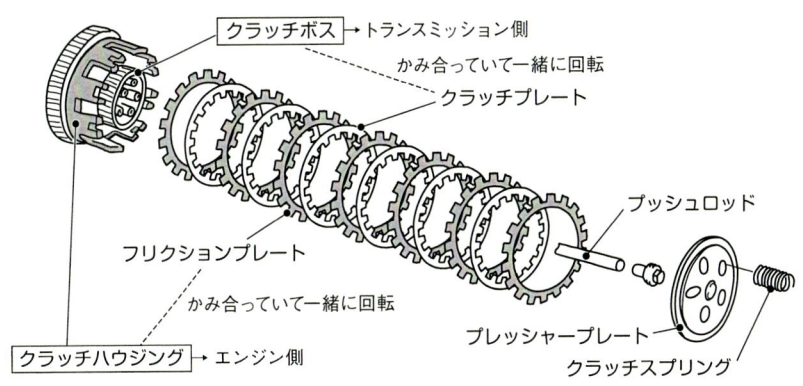

クラッチボス → トランスミッション側

かみ合っていて一緒に回転

クラッチプレート

プッシュロッド

フリクションプレート

かみ合っていて一緒に回転

プレッシャープレート

クラッチハウジング → エンジン側

クラッチスプリング

POINT
◎クラッチには多板式、単板式、遠心式があり、多板式には湿式と乾式がある
◎湿式多板クラッチは、エンジンからの動力で回転するフリクションプレートをトランスミッション側のクラッチプレートに押し付けて動力を伝える

クラッチ周りのメンテナンス

一部の車種にはDCT※が搭載され、クラッチ操作は不要になりましたが、大半のバイクには今でもクラッチが装備されています。安全・快適に走行するためにはクラッチ周りのメンテナンスは重要です。

市販車に多く使われている**湿式多板クラッチ**は、クランクケース内に収まっていることもあり、日常的にメンテナンスをする必要はないといってもいいでしょう。ただクラッチレバーの動きを伝えるレリーズ機構は、気持ちよくかつ安全に走るためにもメンテナンスは欠かせません。

◤油圧式とワイヤー式

レリーズ機構には油圧式とワイヤー（機械）式があり、最近では油圧式が多くなっています。メンテナンスとしては、油圧式の場合は**マスターシリンダー**の液漏れやオイルホースのひび割れなどの点検があげられます（上図）。マスターシリンダーの液漏れを確認するときには、液量が指定されている範囲に収まっているかどうかチェックするとともに液の色調にも注意します。クラッチの作動液にはブレーキフルードが使われています。ブレーキフルードは吸湿性が高いため、劣化すると透明度が低下していきます。

ワイヤー式の場合は、クラッチワイヤーに給油（ワイヤーオイルなど）するとともに、ワイヤーの両端にあるタイコ部にはグリースを付けます。給脂するときには、古いグリースやほこりなどを取り除いてから行ってください。ミッションケース側にあるクラッチレリーズも掃除をしてから給油します。

◤構成部品の摩耗や歪みなどを点検する

クラッチの点検サイクルは、メーカーや機種により異なりますが、だいたい1万kmといわれています。点検は**フリクションプレート**や**クラッチプレート**の摩耗および歪みの確認。摩耗限度を超えていたり、歪みが出ていたりしたらセットで交換することになります。**プッシュロッド**は曲がりや段付きも確認します。段付きがあるということは摩耗している証なので、交換することになります。クラッチスプリングは自由長を測り、使用限度を超えていたら交換することにします。レリーズシリンダーはピストン周りを点検し、必要に応じて清掃などを行います（下図）。

クラッチに切れの悪さやジャダー（つなぐ際の引っかかったような現象）を感じるようなら、点検サイクルを待たずに対処する必要がありますが、クラッチの分解整備は経験とスキルが求められます。プロに任せたほうが無難です。

※　DCT：デュアルクラッチトランスミッション。トランスミッションを偶数段と奇数段に分けてそれぞれにクラッチを設けており、切り替えるだけで変速できる

油圧式クラッチの動作

クラッチレバーがスムーズに操作できるかできないかは、操縦性などに影響する。レバーのピボットやアジャスターなどをグリスアップすると効果がある。

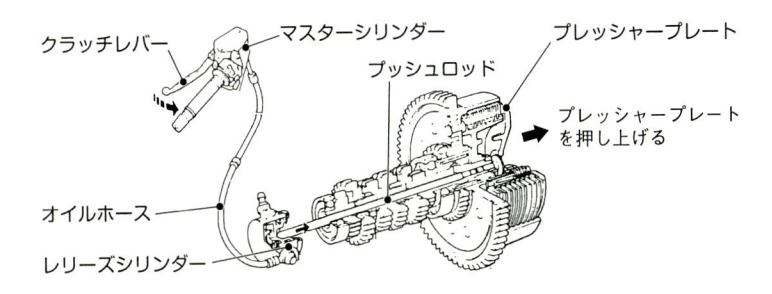

クラッチレバー　マスターシリンダー　プレッシャープレート
プッシュロッド
プレッシャープレートを押し上げる
オイルホース
レリーズシリンダー

クラッチの構成部品と点検

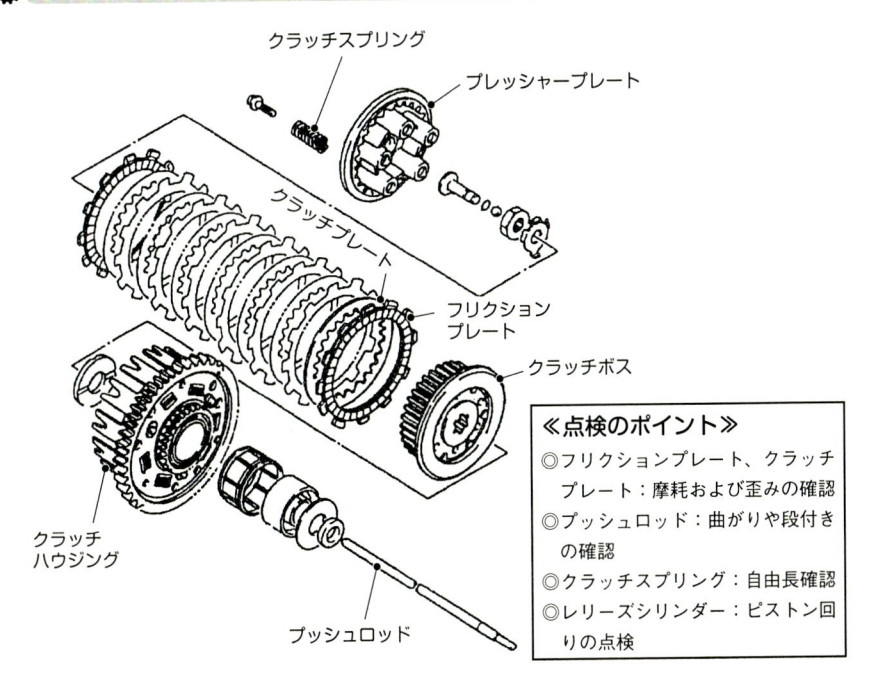

クラッチスプリング
プレッシャープレート
クラッチプレート
フリクションプレート
クラッチボス
クラッチハウジング
プッシュロッド

≪点検のポイント≫
◎フリクションプレート、クラッチプレート：摩耗および歪みの確認
◎プッシュロッド：曲がりや段付きの確認
◎クラッチスプリング：自由長確認
◎レリーズシリンダー：ピストン回りの点検

POINT
◎バイクのクラッチの主流は、湿式多板クラッチ
◎可動部や摺動部には給油や給脂を行う
◎クラッチは定期的に点検し、使用限度を超えたら交換する

強化クラッチとクラッチ容量

チューニングによってエンジン出力がアップしたら、クラッチ容量を大きくします。その方法には、フリクションプレートやクラッチスプリングの強化があります。

クラッチは、プレッシャープレートに取り付けられたクラッチスプリングの反力でフリクションプレート表面の摩擦材とクラッチプレートを圧着して動力を伝達します（上図）。この伝達できる動力の大きさを**クラッチ容量**といいます。

チューニングによってエンジン出力が大きく向上すると、フリクションプレートとクラッチプレートの間に滑りが発生し動力をタイヤに伝えることができなくなるため、クラッチ容量を大きくする必要があります。容量を増やしたクラッチを**強化クラッチ**といいます。下左図の計算式の各種条件を大きくすれば、クラッチ容量が増えて強化クラッチとなります。

■強化スプリングの交換

クラッチスプリングの反力を強くすれば、プレートを押し付ける力も強くなり、より大きな力（動力）を伝達できます。ただし、反力が大きくなるほどクラッチ操作時に大きな力が必要になるため、スムーズなクラッチ操作が難しくなります。

クラッチスプリングの交換は、湿式の場合はエンジンオイルを抜き取った後、クラッチカバーを外し、プレッシャープレートに固定しているボルトを外します。このとき、すべてのボルトを順番に少しずつ緩めていきます（下右図）。

強化スプリングを取り付ける際は、取り外しとは逆の手順ですべてのボルトを順番に少しずつ締め付け、最後にトルクレンチを使ってサービスマニュアルに記載された規定トルクで締め付けます。

■フリクションプレート、クラッチプレートのチューニング

クラッチのチューニングパーツとして、フリクションプレートの摩擦材に摩擦係数のより高いものを使ってクラッチ容量を増やすものもあります。

フリクションプレートは、クラッチスプリングを外せば交換できます。交換時にはクラッチプレートとセットで交換します。湿式クラッチの場合は、焼き付き対策としてフリクションプレートにエンジンオイルを塗布してから組み付けます。乾式クラッチの場合はフリクションプレートに油分が付着すると滑りの原因になるため、組み付け前に、ブレーキクリーナーを使ってフリクションプレートとクラッチプレートの表面の油分を落としてから組み付けます。

クラッチの構造とプレッシャープレート

クラッチハウジングとクラッチボスの間にはクラッチ板と呼ばれるフリクションプレートとクラッチプレートが交互に並べられ、フリクションプレートはクラッチハウジングと、クラッチプレートはクラッチボスとかみ合っている。

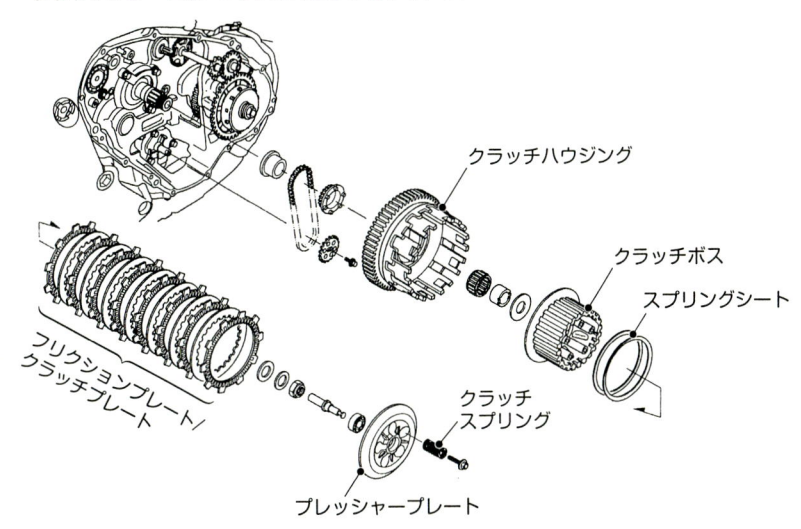

クラッチハウジング

クラッチボス

スプリングシート

フリクションプレート／
クラッチプレート

クラッチ
スプリング

プレッシャープレート

クラッチ容量の計算

$$T_c = r \times n \times \mu \times P \ [\text{N} \cdot \text{m}]$$

T_c ：クラッチ容量
r ：フリクションプレートの直径
n ：フリクションプレートの枚数
μ ：フリクションプレートの
　　摩擦係数
P ：クラッチスプリングの反力
　　（圧着力）

プレッシャープレートの取り外し

プレッシャープレートは、クラッチスプリングを介してクラッチボスに取り付けられている。ボルトを対角線上に数回に分けて少しずつ緩め、プレッシャープレートを取り外す。1本ずつ外すと、残った取り付け部に応力がかかるので注意。

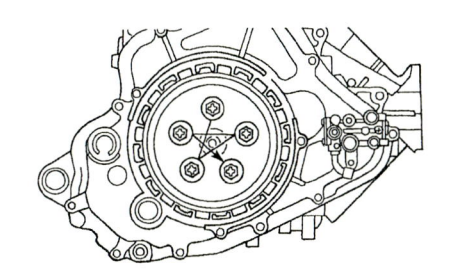

POINT
◎エンジン出力をアップしたら、クラッチ容量を大きくする
◎クラッチスプリングの反力を大きくしてクラッチを強化する
◎フリクションプレートとクラッチプレートはセットで交換する

スリッパークラッチ

2-4

急激なシフトダウンをして減速すると、エンジンブレーキによってリヤタイヤがロックしたり、跳ねたりすることがあります。これを緩和するのがスリッパークラッチです。

スリッパークラッチはバックトルクリミッターともいわれ、シフトダウン時のエンジンブレーキによるリヤタイヤの「ロック」や「跳ね」を防ぎます。過大なエンジンブレーキによってリヤタイヤがロックしそうになると、自動的に半クラッチ状態にしてリヤタイヤのロックを防ぐもので、最近は新車時に装備されている車両も増えています。スリッパークラッチのメカニズムは次の通りです（図）。

①**通常時**：加速側トルク（クランクシャフト発生トルク）によりプレッシャープレート側の回転力がクラッチセンター側のそれを上回ると、アシストカムがプレッシャープレートを引込み、フリクションプレートとクラッチプレートの押し付け力を増す。

②**エンジンブレーキ時**：減速トルク（リヤタイヤからのバックトルク）により、クラッチセンター側の回転力がプレッシャープレート側のそれを上回ると、スリッパーカムがプレッシャープレートを押し出し、減速側トルクを逃す。

■スリッパークラッチへの交換

スリッパークラッチの機能はクラッチ本体にすべて収められており、本体を交換することでスリッパークラッチの機能を追加することができます。エンジン形式が同じでスリッパークラッチが装備されていれば、転用することも可能です。

スリッパークラッチの交換は、クラッチ本体を交換する場合、クラッチハウジングやボス、クラッチ板などの一部のパーツにノーマル部品を利用する場合などがあります。専用工具が必要な場合もあるため、バイクショップで交換するのが無難です。

■スリッパークラッチの調整

スリッパークラッチの調整とは、エンジンブレーキの程度とクラッチの滑りの程度を変化させることで、ライダーの好みやコーナリング時の走らせ方に合わせて、エンジンブレーキが利かない（小さいエンジンブレーキでもクラッチを滑らせる）状態やエンジンブレーキがよく利く状態（クラッチの滑りの発生が遅い）に調整することをいいます。

調整方法はスリッパークラッチの構造によって異なりますが、基本的にはクラッチを滑らすタイミングをコントロールするスプリングのプリロードを調整して行います。また、フリクションプレートの材質や厚みを変えることでも調整可能です。

⚙ スリッパークラッチの動作例

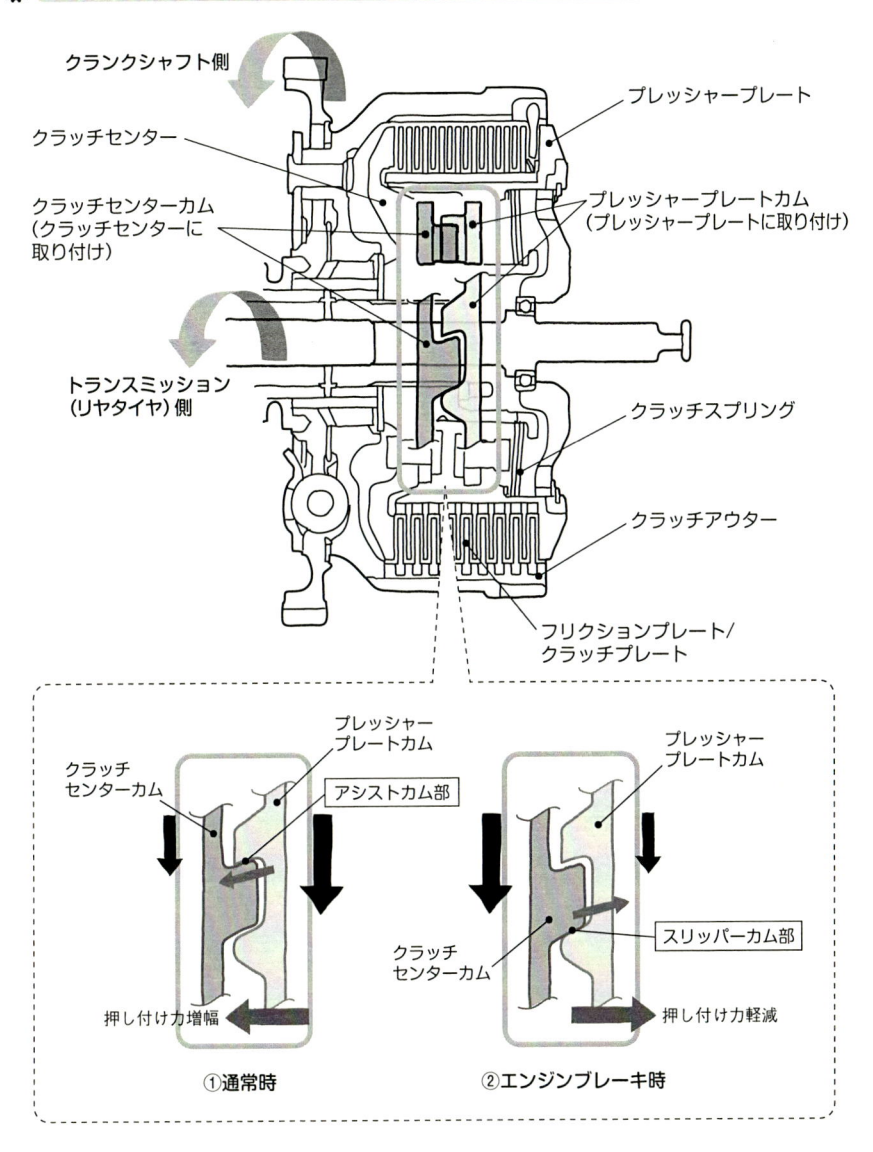

クランクシャフト側

クラッチセンター

クラッチセンターカム
（クラッチセンターに
取り付け）

トランスミッション
（リヤタイヤ）側

プレッシャープレート

プレッシャープレートカム
（プレッシャープレートに取り付け）

クラッチスプリング

クラッチアウター

フリクションプレート/
クラッチプレート

プレッシャー
プレートカム

クラッチ
センターカム

アシストカム部

プレッシャー
プレートカム

クラッチ
センターカム

スリッパーカム部

押し付け力増幅

押し付け力軽減

①通常時

②エンジンブレーキ時

POINT
◎スリッパークラッチは、半クラッチの状態を自動的につくり出し、急激なシフトダウンによって起こるバックトルクをやわらげる
◎スリッパークラッチの調整はクラッチを滑らすタイミングをコントロールする

動力伝達機構
のチューニング

　クラッチ容量はある程度の余裕を持たせており、少々の出力増加で滑りが発生することはありませんが、チューニングによってエンジン出力が向上すると、クラッチが伝達できる容量を超えてしまい滑りが発生します。また、クラッチは摩耗していきます。摩耗が進むとノーマルの状態でも滑りが発生するため、定期的なメンテナンスを必ず行いましょう。特に強化クラッチスプリングは、スプリングの反力が強いため、レバーやワイヤーの動きが悪いとスムーズなクラッチ操作ができなくなります。

　スムーズなレバー操作には、レバー部のガタツキや引っ掛かりの有無などの作動具合、適切な遊び量の調整、ワイヤーの伸びや動き、断線の有無の点検などをしっかり行う必要があります。大幅なクラッチ強化を行う場合は、増加する負荷に対応するため、クラッチレバーの形状や低抵抗型クラッチワイヤー、レリーズレバー長の延長などの操作性向上の対策も必要になります。

　バックトルクリミッターは、新車段階でかなりバランスの取れた設定になっていますが、エンジンブレーキの効き具合の好みはライダーによって大きく異なるため、自分の好みをよく理解したうえで調整してください。

　トランスミッションは、ローギヤからトップギヤまでの減速比の差が小さいものをクロスレシオ、大きいものをワイドレシオと呼びます。減速比の差の大小はエンジンの出力特性で変わります。クロスミッションや多段ギヤは高性能エンジンの証のように思われますが、これは高出力エンジンのトルクバンドが狭いため、クロスレシオ＋多段化でなければ変速時にパワーバンドを外れてしまうためです。低回転から大きなトルクを発生できるエンジンであればワイドレシオになります。ワイドレシオは、各ギヤが対応できる速度域が広くなるため、ギヤ段数の削減による軽量化や、シフトチェンジ回数を減らすことで走行中のシフトミスやクラッチ操作による動力未伝達時間を削減することが可能になります。

第5章

フレームと足回り編

The chapter of
frame & undercarriage

フレーム、スイングアームの形状と剛性

フレームは、メインフレーム部とシートレール部に分けられます。フレームのピボット部（旋回軸）に支持されて、車体とリヤホイールをつないでいるのがスイングアームです。

■フレームの機能

フレームは、エンジンや燃料タンクなどを保持する、文字通り「骨格」というべきもので、エンジンやサスペンションが取り付けられる**メインフレーム部**とシートやテールランプなどが取り付けられる**シートレール部**に分けられます（上図）。

最近はエンジンの高出力化やワイドタイヤの採用が進んでいますが、いくら高性能エンジンやグリップ力の高いタイヤを装備しても、骨格であるフレームが強くなければ本来の性能を発揮することはできません。

フレームには、エンジンや路面からの振動や衝撃に耐えるだけの強度が求められるとともに、走行中にフレームに加わる「曲げ」や「ねじれ」などの力に対する剛性も必要になります。

フレームの材質はスチールやアルミが一般的で、パイプ状のものやプレス成形されたものなどがありますが、パイプ径を大きくしたり角状にするほか、材質に強度の高い炭素鋼管や高張力鋼管、アルミ合金を使用することにより、強度や剛性を高めるとともに軽量化も実現しています。

■スイングアームの機能と形状

スイングアームはリヤホイールと車体をつなぐパーツで、前端部はフレームのピボット、後端部はリヤホイールに支持されています。スイングアームは、ピボットを中心にして動くことによってリヤホイールの動きを吸収しますが、スイングアームとフレームの間にあるサスペンションのはたらきによっても衝撃や振動を吸収しています（中図）。

スイングアームの形状には、リヤタイヤの支持方法によって**両持ち式**と**片持ち式**があります（下図）。前者は構造が簡単で剛性を確保しやすく、左右のバランスもすぐれている点、後者はタイヤ交換が簡単で、軽量化が可能な点がメリットです。

材質はスチール製とアルミパイプ製があり、アルミ鋳造製や押し出し材を使ったもの、アルミパネルを溶接して組み立てたものもあります。

最近は、マフラーを理想的な形状にするために、両持ち式の片側を大きく湾曲させたタイプもあります。

⚙ フレームの基本構造

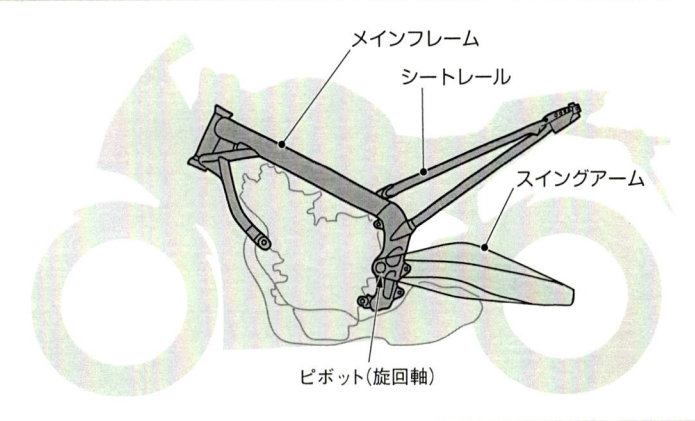

メインフレーム

シートレール

スイングアーム

ピボット(旋回軸)

⚙ スイングアーム

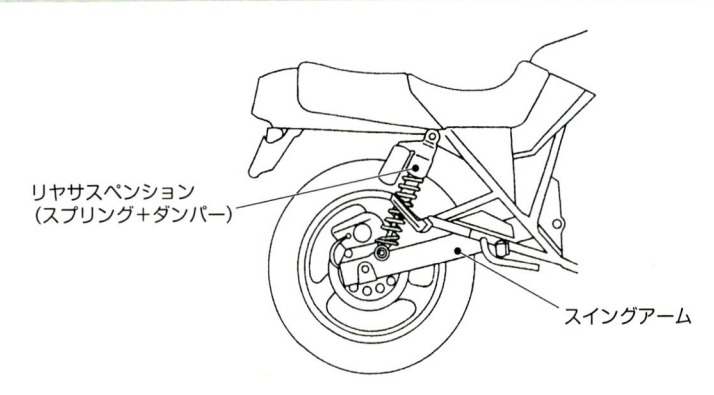

リヤサスペンション
(スプリング+ダンパー)

スイングアーム

⚙ スイングアームの種類

①両持ち式

②片持ち式

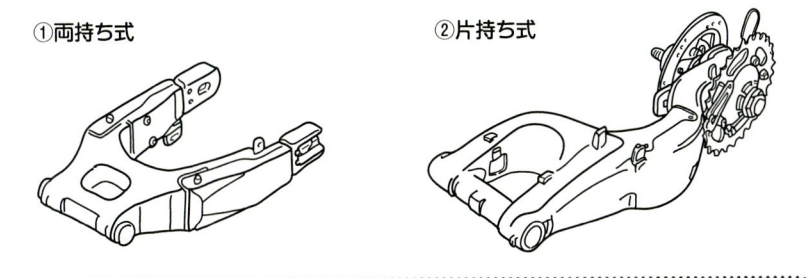

POINT
◎フレームは、バイクの骨格として主要パーツを保持している
◎スイングアームは、車体とリヤホイールをつなぎながら、サスペンションと
しての機能も果たしている

ホイールアライメントと操縦性

バイクの操縦性に大きな影響を与えるホイールアライメントには、トレール、キャスター角、フォークオフセット、ホイールベースなどがあります。

ホイールアライメントとは、フロントタイヤのトレールやキャスター角、フォークオフセット量などをいい、これらの値が関連してバイクの操縦性に大きな影響を与えています。この中で直進性や旋回性にもっとも影響を与えるのがトレールで、トレールが大きいほど直進性が高くなり、小さくなると旋回性が高くなります（上左図）。またキャスター角は、小さいほどハンドルを切ったときのタイヤ舵角が大きくなり、旋回性が増します（上右図）。

■トレール

トレールはステアリングシャフト中心から地面への延長線とタイヤ接地点の距離となるため、タイヤの直径が小さくなればトレールも短くなります。

タイヤの直径の変更は、タイヤ幅が同じものであれば偏平率が小さいほどタイヤ直径が小さくなります。またホイールの直径を変更する場合も同様です。

ステアリングシャフトとフロントフォークを接続するフォークブラケットとトップブリッジのオフセット量を異なるものに変更することでも、トレールを調整できます（下左図）。

■キャスター角

キャスター角はステアリングシャフトの中心線と地面との角度をいいますが、一般的なフロントフォーク式のバイクでは、ステアリングシャフトとフロントフォークは並行になっているため、フロントフォークの取り付け角度ともいえます。また、キャスター角はトレールと比例関係にあります。

キャスター角の調整は、車高調整によって行います。フロントフォークの突き出し量を大きくすると、リヤタイヤ側の車高に対してフロント側が低くなるため、キャスター角が小さくなります。これはトレールの調整にもありますが、フロントタイヤの小径化やリヤタイヤ側の車高を高くしても同様の効果があります。

フロントフォークの突き出し量を調整する場合、ハンドル周りのワイヤーやホスの長さ、フロントフォーク最前屈時のアンダーブラケットとフロントフェンダーとのすき間を確認する必要があります。そのほか、フロントフォークの突き出し量を増やすと**ホイールベース**も短くなるため、より旋回性が高まります（下右図）。

⚙ トレールとキャスター角

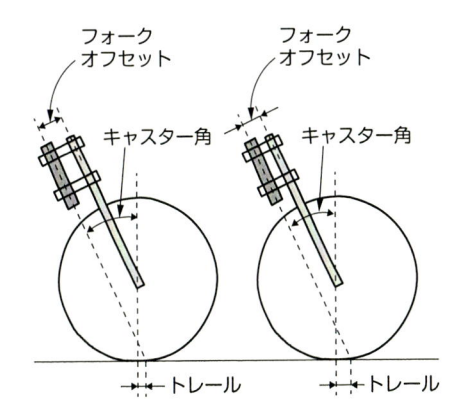

フォーク
オフセット　　　　フォーク
　　　　　　　　　オフセット

キャスター角　　　　キャスター角

トレール　　　　トレール

◉ トレール大　→　直進性高
◉ トレール小　→　旋回性高

※トレールは、キャスター角、タイヤ径によっても変
　化するが、ここでは同じものとする

⚙ キャスター角と舵角

仮にキャスター角が0°であるとする
と、ハンドル切れ角＝実舵角となる。
ハンドル切れ角に対する実舵角の値は、
キャスター角が大きくなるにつれて小
さくなる。

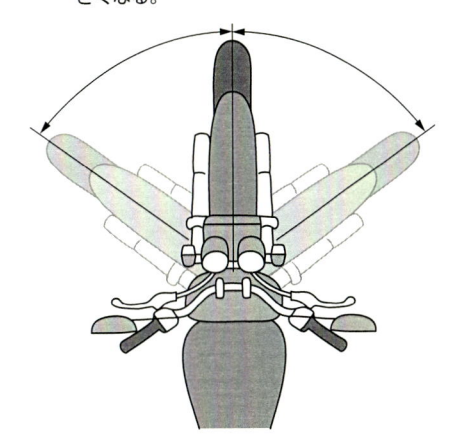

⚙ フロントフォーク周り

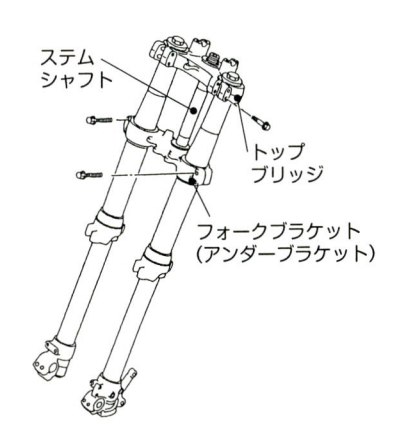

ステム
シャフト

トップ
ブリッジ

フォークブラケット
（アンダーブラケット）

⚙ ホイールベース

フロントフォークの突き出し量大
　→　キャスター角小

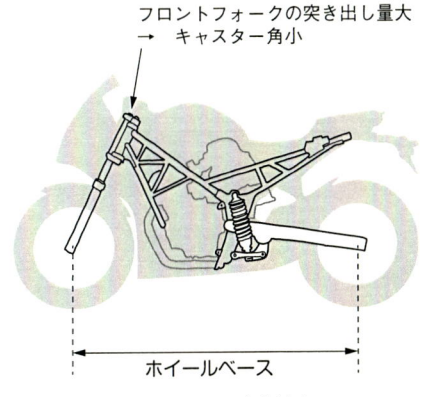

ホイールベース

◉ ホイールベース大　→　直進性高
◉ ホイールベース小　→　旋回性高

POINT
◎ホイールアライメントは、トレールとキャスター角が基本となる
◎トレールは、タイヤの直径やフォークオフセットによって変化する
◎キャスター角は、フロントフォークの突き出し量によって変化する

フレームとスイングアームの補強

1-3

フレームやスイングアームの補強は、どんな場合にどのような症状が現れるのか、それに対して自分はどう改善したいのかをきちんと整理したうえで実行するようにします。

チューニングによりエンジン出力が大幅に向上した場合、ワイドホイールにハイグリップタイヤを装着した場合、フロントフォークを正立型から剛性の高い倒立型に交換した場合などは、走行中大きな応力がはたらき、鉄パイプフレームやスイングアームがねじれてハンドル周りの振動やふらつきが発生します。こんなときは、ねじれの大きな部分にパッチや補強パイプを追加して、適正なねじれ量に戻します。

■フレームとスイングアームの補強

補強は一般的には溶接で接合しますが、サブフレーム的な部品をボルトやナットで固定して追加する方法や、分割式のフレームでは補強済みのフレームに交換する方法もあります。ただし、ボルトやナットの場合は溶接ほど締結力が強くないため、補強の効果も限定的になります。そのほか、アクスルシャフトやピボットシャフトを強度の高いクロムモリブデン鋼やチタンなどに置き換える補強法もあります。

補強箇所は、一般的にはフロントステアリングシャフト周辺とリヤピボットシャフト周辺、エンジンマウント周辺、エンジン後方のピボット上部、ツインショックの場合はサスペンションマウント上部などになります（図①〜⑤）。

フレームはある程度たわむことで路面からの細かな衝撃や振動を吸収しているため、補強しすぎると曲がりづらい、タイヤのグリップ感がつかみにくいなどの症状が発生します。また溶接時の熱によるフレームの歪みなども発生する可能性があるため、どのような場合にどのような症状が現れて、どう改善したいのかをよく把握・整理したうえで経験豊かなバイクショップで行うのがいいでしょう。なおアルミフレームの場合は、強度が高いため補強する必要はありません。

スイングアームもフレームと同様に、タイヤのワイド化やハイグリップ化の影響でコーナリング時に大きな応力を受けています。スイングアームの補強は、補強材を追加する方法と、交換して材質や形状そのものを変更する方法があります。

補強材の追加は、フレームの補強とほぼ同じで、基本的に左右方向のねじれに対する補強を行います。材質そのものを変更する場合は、鉄製のものをアルミ化したり、同じアルミでもパイプ内部にリブ（補強）が入っているものや、断面形状を変更するなどして、より剛性を高めたものに交換します。

⚙ フレームの補強箇所

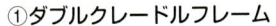
①ダブルクレードルフレーム

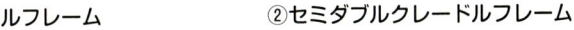
②セミダブルクレードルフレーム

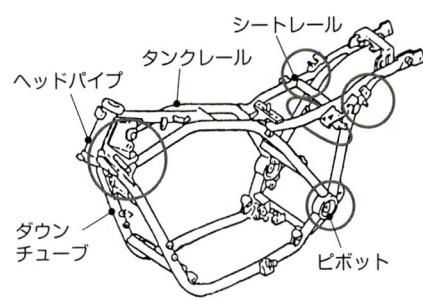

ヘッドパイプ
タンクレール
シートレール
ダウン
チューブ
ピボット

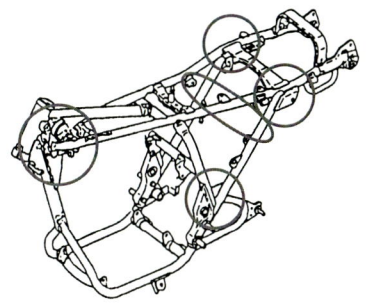

③ダイヤモンドフレーム

④バックボーンフレーム

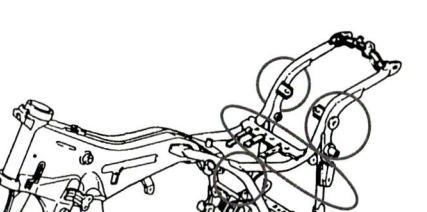

⑤トラスフレーム

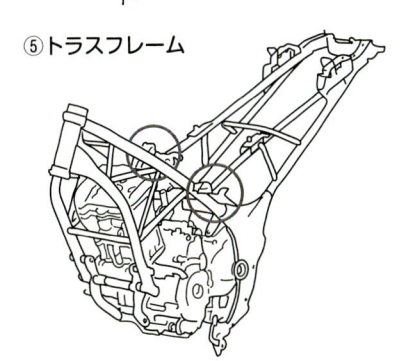

フレームの補強については、車種
によっては補強箇所が異なること
があるため、経験豊かなショップ
などに相談するのがよい。

トラスフレームは、構造上補強はあまり入れない

POINT

◎エンジン出力の大幅な向上、ハイグリップタイヤの装着、フロントフォーク
の正立型から倒立型への交換などにより、ハンドル周りの振動やふらつきが
発生する場合は、フレームやスイングアームを補強する

1-4 フレームとスイングアームの材料

バイクのフレームには、強度はもちろん、軽量、生産性、コスト、調達性など多くの条件が要求されます。現在一般的なバイクには、炭素鋼の板をパイプ状にしたEC管などが使われています。

バイクの**フレーム**は人間の骨格にあたる部品であり、高い強度が必要です。また運動性能を高めるためには軽量化が必要です。そのほか、製造するうえでは生産性やコスト、調達性なども考慮する必要があります。このため、一般的なバイクには炭素鋼の板をパイプ状にしたEC管やプレス加工したものが使用されています。

一方レース用車両やスーパースポーツと呼ばれる車種では、生産性やコストよりも性能が重視されるため、主にアルミ合金のプレス材を使用しています。

①**クロムモリブデン鋼**：クロモリ鋼とも呼ばれ、炭素鋼に微量のクロムやモリブデンを添加した合金で、通常の炭素鋼に比べて強度と表面硬度が高く、適度なしなりや振動吸収性があります。また溶接作業性がよいなどの特性があり、一時期レース用車両のフレーム材として使用されていました。

②**7000系アルミ合金**：レース用車両やスーパースポーツ車両で主流となっている材質です。バイクに使用されるアルミ合金は主に5000系・6000系・7000系の3種類で、フレームにはアルミ合金の中でも特に強度が高いAl-Zn-Mg系や、さらにCuを添加した7N01に代表される7000系のものが使用されています。アルミ合金は強度の高いものほど、引張応力と腐食により短時間で割れが発生しやすく、特に7000系合金は比較的割れが発生しやすい合金のため、さらにMnやCr、Zrなどの添加および熱処理条件の調整により、割れに対する耐性を向上させたものが使用されています。

③**カーボンファイバー**：カーボンファイバーは炭素繊維で織り込んだ布状のシートを合成樹脂で固めたもので、一般的にはアルミ製より軽く、カーボン繊維の織り方や貼り付け方向で強度をコントロールできるなどのメリットがあります。カーボンファイバーは、樹脂と硬化方法の違いでドライカーボンとウェットカーボンに分けられ、硬化の際に使用する樹脂がエポキシ樹脂のものをドライカーボン、ポリエステル樹脂を用いて固めるものをウェットカーボンといいます。アフターマーケットで販売されているカーボンパーツのほとんどがウェットカーボンです。ウェットカーボンもカーボン繊維を使用するため、軽く強度の高い部品ができますが、ドライカーボンほど軽量・高強度にはなりません。

フレームとスイングアームの材料と特徴

クロムモリブデン鋼	・炭素鋼に微量のクロムやモリブデンを添加した合金 ・通常の炭素鋼に比べて強度と表面硬度が高く、適度なしなりや振動吸収性がある ・溶接作業性がよい ・一時期レース用車両のフレーム材として使用され、今でもドゥカティやKTMなどのトラス形状フレームやレーシングカーの構造材などで使用されている
7000系アルミ合金	・レース用車両やスーパースポーツ車両で主流となっている ・フレーム以外にもエンジン本体やホイール、サスペンション、ブラケット類など多くの部品に使用されている ・バイクに使用されるアルミ合金は、主に5000系・6000系・7000系の3種類 ・ホイールなどにはAl-Mg系の5000系が、フレームにはアルミ合金の中でも特に強度が高いAl-Zn-Mg系、さらにCuを添加した7N01に代表される7000系のものが使用されている ・アルミ合金は、強度の高いものほど引張応力と腐食により、短時間で割れが発生しやすい ・7000系合金は比較的割れが発生しやすいため、さらにMnやCr、Zrなどを添加したり、熱処理条件を調整して、割れにくくしたものが使用されている
カーボンファイバー	・炭素繊維で織り込んだ布状のシートを樹脂で固めたもの ・アルミ製より軽く、カーボン繊維の織り方や貼り付け方向で強度のコントロールが可能 ・樹脂と硬化方法の違いで、ドライカーボンとウェットカーボンに分けられる ・ドライカーボンは、オートクレーブという加圧装置の中で真空状態にしてカーボンファイバーが含まれた材料を焼き固める ・何度も高温で加熱されるため不要な成分が除去でき、カーボンファイバーの強度や剛性などを最大限に引き出している ・大掛かりな設備が必要になり、加熱温度や時間によって品質が左右されるなど、作成には高度な技術が必要 ・ウェットカーボンは、カーボンファイバーを樹脂に塗り込んだものを硬化させる ・アフターマーケットで販売されているカーボンパーツのほとんどがウェットカーボン ・ウェットカーボンもカーボン繊維を使用するため、軽く強度の高い部品ができるが、ドライカーボンほど軽量・高強度にはならない

POINT
◎一般的なバイクでは、炭素鋼の板をパイプ状にしたEC管やプレス加工したものが用いられている
◎スーパースポーツでは、アルミ合金のプレス材が主流になっている

フロントサスペンションの形式

車体を支え、乗り心地をよくするだけでなく、姿勢やトラクションのかかり方をコントロールするサスペンションは、バイクにとって重要なパーツです。

■緩衝機能と操舵機能を担うテレスコピック式

現在、バイクのフロントサスペンションは、**テレスコピック式フロントフォーク**が主流となっています。車軸を支えるフォークを2つのブラケット（アッパーブラケットおよびアンダーブラケット）で支持し、両ブラケットに取り付けられた**ステムシャフト**がフレーム側にあるヘッドパイプを貫通して車体に固定されています。

テレスコピック式は、**アウターチューブ**の中にそれより一回り小さい**インナーチューブ**が挿入され、望遠鏡（テレスコープ）のように伸び縮みします（図①）。チューブの中には**スプリングとダンパー機構**が入っています。インナーチューブが上部に、アウターチューブが下部にある構造のものを**正立フォーク**、その逆に配置しているものを**倒立フォーク**といいます。

倒立フォークは外径の大きなアウターチューブをブラケットで支持でき、またアウターチューブの全長を長くできるなど、フロントフォーク全体の剛性を高めることができます。フォークの剛性が高いと、ギャップ通過時やコーナリング時のサスペンションの作動性がよくなります。

■テレスコピック式以外のフロントサスペンション

かつては、スプリンガーフォーク式（ハーレーの一部車種では21世紀初頭まで採用）、アールズフォーク式（側車付きバイクに一時は盛んに用いられていた）、ボトムリンクフォーク式（カブなどの商用バイクに盛んに使われていた）などもありましたが、あまり見かけなくなっています（図②、③）。

最近は、テレレバー式やデュオレバー式、ハブセンターステアリング、ダブルウィッシュボーン式なども登場しています（図④〜⑥）。

これらは、ステアリング機能とサスペンション機能が独立しているのが特徴のひとつとしてあげられます。テレレバー式で説明すると、ステアリング機能はフロントフォークが、サスペンション機能はAアームと車体の間に取り付けられたサスペンションユニットが担っています。ブレーキング時の荷重をAアームが受けとめるようにして、テレスコピック式フロントフォークで生じるノーズダイブ※が起こりにくいようにしています。

※　ノーズダイブ：急減速などにより、車体前部が沈み込む現象

⚙ フロントサスペンションの種類

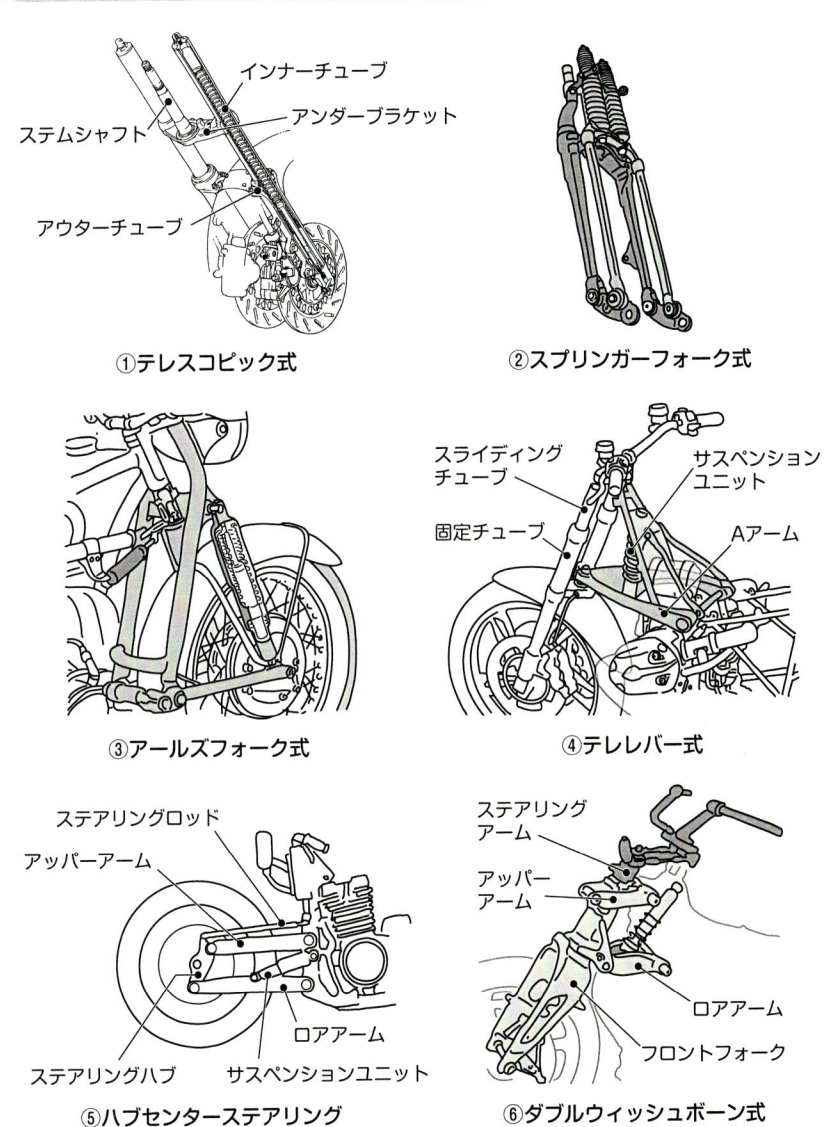

インナーチューブ

ステムシャフト

アンダーブラケット

アウターチューブ

①テレスコピック式

②スプリンガーフォーク式

③アールズフォーク式

スライディング
チューブ

固定チューブ

サスペンション
ユニット

Aアーム

④テレレバー式

ステアリングロッド

アッパーアーム

ステアリングハブ

ロアアーム

サスペンションユニット

⑤ハブセンターステアリング

ステアリング
アーム

アッパー
アーム

ロアアーム

フロントフォーク

⑥ダブルウィッシュボーン式

POINT

◎フロントサスペンションの主流はテレスコピック式フロントフォーク
◎テレスコピック式フロントフォークには、正立式と倒立式がある
◎テレスコピック式以外にも方式がいくつかある

フロントフォークのメンテナンスとチューニング

2-2

路面からの衝撃を吸収し、タイヤのグリップ力を保って操安性を確保するとともに快適な乗り心地も維持するフロントフォークは、バイクの性能に大きく関わっています。

テレスコピック式フロントフォークのダンパー機構で大きな役割を果たしているのがフォークオイルです。サスペンションが伸縮するとき、オイルはフォーク内部のオリフィス（狭い通路）などを通過します。その際に生じる粘性抵抗が**減衰力**を生み出しています（138頁参照）。サスペンションの機能や特性には、この減衰力が大きく関わっています（図①、②）。

■フロントフォークのメンテナンス

フォークオイルは長期間使用すると、潤滑能力・減衰能力とも徐々に低下していきます。そのため、定期的なオイル交換が必要になります。オイルの交換は、フォークキャップを緩めた後、フロントフォークを車体から外し、キャップとフォークスプリングを取り外してオイルを抜きます。このとき、抜いたオイル量や汚れ具合を確認しておき、セッティングのヒントにします。フロントフォークにオイルの染みがある場合、インナーチューブメッキ層の摩耗やオイルシールの劣化の可能性があるため、メッキ層の摩耗の場合は再メッキまたは新品に交換となります。オイルシールを交換するときは、スライドメタル（インナーチューブの位置決めをするとともにチューブどうしの摺動を受け持つ部品）やダストシールも交換します。

そのほか、**インナーチューブ**の清掃をこまめに行ってサビが発生しないようにします。サビが発生すると、インナーチューブとアウターチューブの気密性を保持しているオイルシールやダストシールを破損させ、オイル漏れの原因となるからです。

■フロントフォークのチューニング

ライダーの体重や乗り方、車両状態はそれぞれ千差万別です。そうした個々の状況に適したオイルやスプリングレートに変更したり、仕様の異なるカートリッジに変更することで、より適切なセッティングが可能になります。

また、インナーチューブの表面にDLC（ダイヤモンドライクカーボン）コーティングやチタンコートを施して、フリクション（摩耗）の低減を図る方法があります。金銭的に余裕があるなら、フロントフォークを丸ごと交換する方法もあります。こうしたチューニング法は、搭載するバイクとフロントフォークに関する知識、セッティングのノウハウが重要になります。

⚙ 減衰力が発生するしくみ

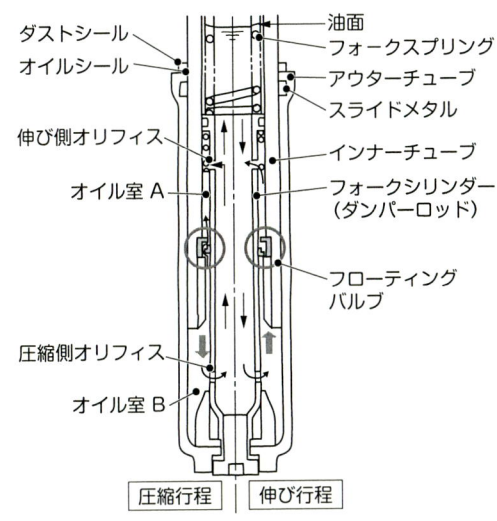

ダストシール
オイルシール
伸び側オリフィス
オイル室A
圧縮側オリフィス
オイル室B
油面
フォークスプリング
アウターチューブ
スライドメタル
インナーチューブ
フォークシリンダー（ダンパーロッド）
フローティングバルブ

| 圧縮行程 | 伸び行程 |

①ダンパーロッド式（チェリアーニ式）

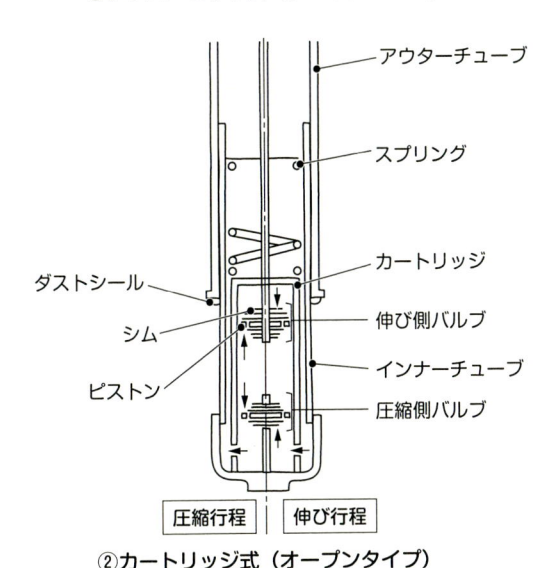

アウターチューブ
スプリング
ダストシール
シム
ピストン
カートリッジ
伸び側バルブ
インナーチューブ
圧縮側バルブ

| 圧縮行程 | 伸び行程 |

②カートリッジ式（オープンタイプ）

ダンパーロッド式（①）は、オリフィスからオイルを出入りさせることで減衰力を発生させている。カートリッジ式（②）は、カートリッジ内に設けられたバルブをオイルが通過することで減衰力を生み出している。バルブはレンコンのように穴が開いたピストンとシムが上下に積層された構造になっており、ピストンの形状や仕様の異なるシムを組み合わせることで減衰力をコントロールできるようにしている。なお、カートリッジには、オイルがカートリッジの内外を循環するオープンカートリッジと、循環しないクローズドカートリッジがある。フロントフォークの減衰力はオイルの粘性抵抗によって発生するため、オイルの粘度を変えることで減衰力を調整することができる。また、オイル量を変えることでフォーク内部の空気量が変化し、フルボトム付近での特性を調整することができる。

POINT

◎テレスコピック式フロントフォークにはスプリングとダンパー機構が入っており、フォークオイルの動きが性能などに大きく関与している

◎社外品に交換することで性能向上が可能

リヤサスペンションの種類・構造とメンテナンス

2-3

リヤサスペンションは、路面から伝わってくる衝撃を吸収するとともに、加減速により車体の姿勢が変化しても路面に後輪を適切に接地させて安定した操縦性などを確保しています。

　リヤサスペンションには、**スイングアームを両側から支える2本サス**と1本で支える**モノサス**があります（上図）。

　モノサスは現在リンク式が主流になっています。これはスイングアームとサスペンションとの間にリンク機構を設けたもので、マスの集中化による運動性の向上やバネレートが初期にはやわらかく、ストロークの途中から徐々に硬くなる**プログレッシブ効果**を得ることができます。

　リヤサスペンションの場合、**ダンパーの外側にスプリングがある**のが一般的です。ダンパーの中にはオイルが封入され、フロントサスペンションと同じはたらきをしています。

■ガスとオイルを分離したド・カルボン型ダンパー

　オイルがピストンを通過する際に生じる圧力の変化や振動、走行中に起こるヨーやロール、ピッチなどの動きにより、オイル内に気泡が発生します。気泡はオイルの**減衰力**を弱めて、ダンパーとしての役割を減じてしまいます。それを嫌いガス室とオイル室を分離することで、この問題の解消を図ったのが**ド・カルボン型**です。ガス室には高圧（1〜2MPa）の**窒素ガス**が封入されています。

　ド・カルボン型はガス室とフリーピストン（ガス室とオイル室を分ける役割を果たしている）がある分、縦長になってしまいます。全長を抑えながらストローク量を稼げるようにするため、**リザーブタンク（ピギーバック）**を設けているタイプもあります（下図）。

■リヤサスペンションのメンテナンス

　メンテナンスとしては、**ピボット部やリンク部**などへのグリスアップやロッドの清掃があげられます。リンク式モノサスは利点がある半面、メンテナンスしにくいという短所があります。ただリンク部の動きはリヤサスペンション全体の動きに大きな影響を与えるので、日ごろからチェックを欠かさずメンテナンスを心がけるようにします。また定期的に点検し、減衰力の低下やオイル漏れなどが発生した場合は、必要に応じてオーバーホールを行います。リヤサスペンションのダンパーにはガスが封入されているため、専門ショップでのオーバーホールが必要です。

⚙ 2本サスとモノサス

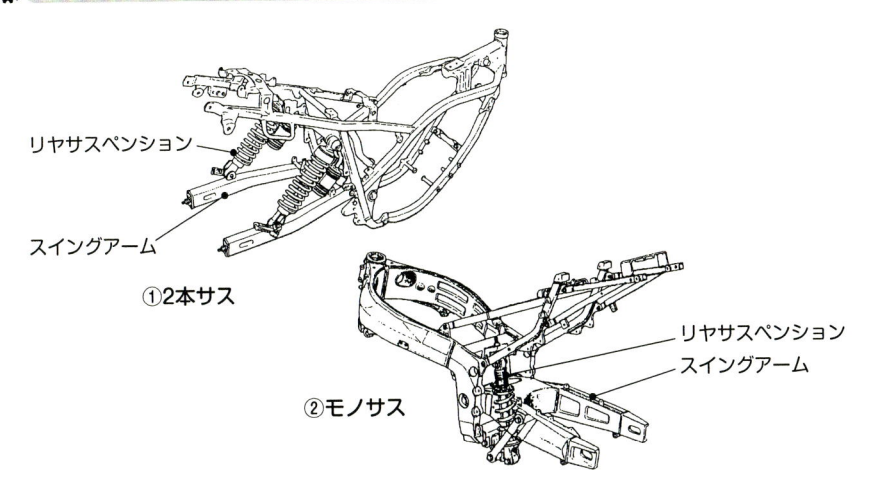

リヤサスペンション

スイングアーム

①2本サス

リヤサスペンション

スイングアーム

②モノサス

⚙ リザーブタンク付きモノサス(ド・カルボン型)

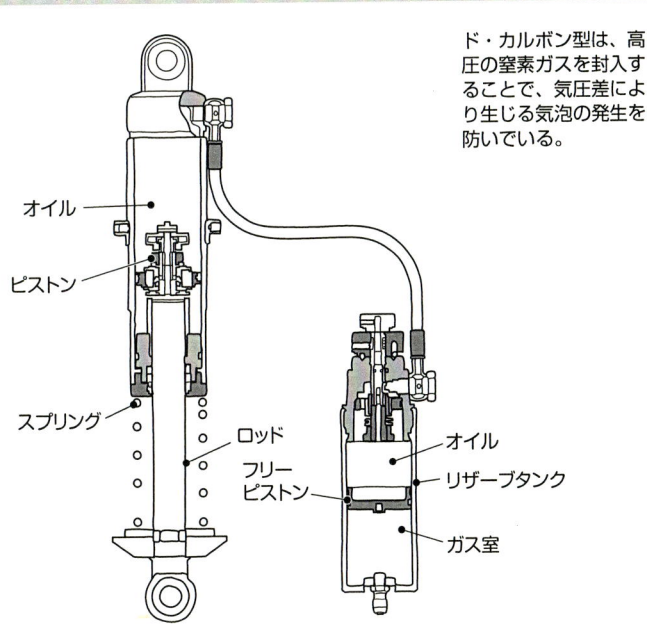

ド・カルボン型は、高圧の窒素ガスを封入することで、気圧差により生じる気泡の発生を防いでいる。

オイル

ピストン

スプリング

ロッド

フリーピストン

オイル

リザーブタンク

ガス室

POINT

◎定期的に整備、オーバーホールをする
◎リヤサスには2本サスとモノサスがあり、モノサスはリンク式が主流
◎ピボットなど可動部へのグリスアップや給油、清掃がメンテナンスのポイント

リヤサスペンションユニットの交換

2-4

リヤサスペンションユニットの取り外し作業は、2本サスとモノサスで異なります。モノサスの場合は、手順を誤ると締結ボルトやナットが抜けないなどの不具合が発生することがあります。

リヤサスペンションユニットの交換作業では、作業中に車体が転倒しないように固定する必要があります。センタースタンド付き車両の場合は、平地でスタンドを立て、フロントタイヤもフロントホイールクランプに載せて固定します。センタースタンドがないバイクは、**スイングアーム**に掛けるタイプのスタンドで固定します。

ただ、スイングアームのスタンドフックを利用するタイプは比較的しっかりと固定できますが、スタンドのL字フックにスイングアームを載せるタイプは、サスペンションやリンク類を締結しているボルト、ナット類を緩める際にずれて外れる可能性があるため、別途タイダウンベルトなどを使ってフックとスイングアームを固定したほうがいいでしょう。

▉リヤサスペンションの交換方法

サスペンションは荷重がかかっている状態では取り外すことができないため、**自由長**（荷重がかかっていない状態）になるように、リヤタイヤを浮き上がらせ、タイヤと地面やシートレール下側のすき間の高さを自動車用車載ジャッキなどを使って調整します。

2本サスは車体外側に取り付けられているので問題ありませんが、**リンク式モノサス**の場合、リンクを含めてサスペンションユニットを外す手順をサービスマニュアルで確認します。手順を誤ると、ユニット締結ボルト、ナットが抜けないなどの不具合が発生します。また取り付け時は、パーツクリーナーで清掃後に指定個所のグリスアップを十分に行い、締結ボルトやナットは必ずマニュアル記載の規定トルクで締め付けます（上図、下図）。

▉サスペンションの作動確認

取り付け作業完了後、各部の締結ボルトの締め付け忘れがないか再確認を行い、プリロードやダンピング調整機能があるタイプは標準値に合わせ、近隣を低速で走行して正常に作動するかどうかを確認します。新品のサスペンションユニットは交換当初は各部のアタリが強いため、セッティング作業を行う前に「慣らし」が必要な場合もあります。慣らしを行う場合には、各部調整機能を最弱にして走行するとサスペンションの作動量を大きくでき、効率よく慣らし作業ができます。

⚙ 2本サスの脱着

車体の外側にサスペンションユニットが取り付けられているので、シートレールとスイングアームのボルトを外せば簡単にユニットを取り外すことができる。

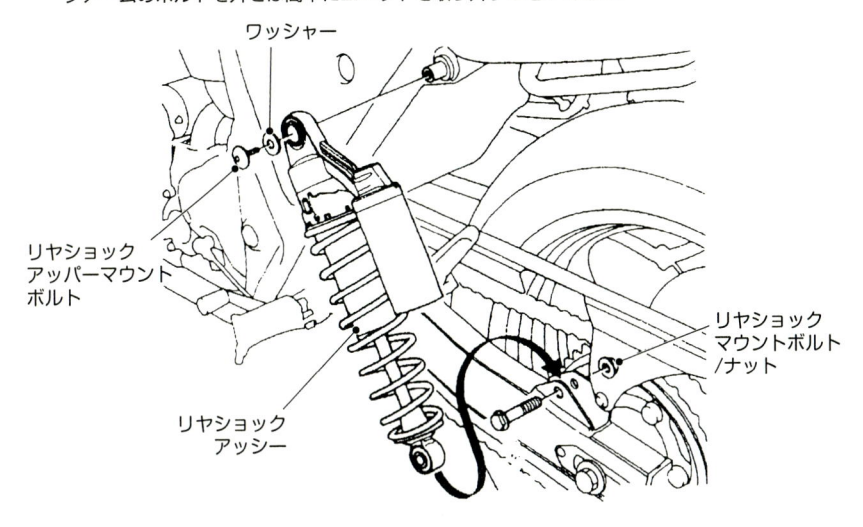

ワッシャー

リヤショック
アッパーマウント
ボルト

リヤショック
アッシー

リヤショック
マウントボルト
/ナット

⚙ リンク式モノサスの脱着

別体式リザーブタンクがある車種では、タンクを固定しているベルトも取り外す。

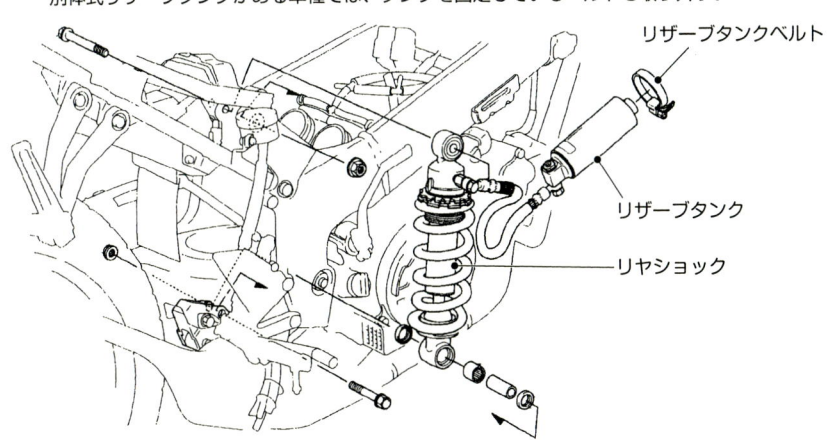

リザーブタンクベルト

リザーブタンク

リヤショック

POINT
◎締結ボルトやナットは、サービスマニュアルにある規定トルクで締め付ける
◎新品のサスペンションユニットは、セッティングの前に「慣らし」が必要な場合もある

サスペンションの調整機能

スプリングを縮めておくことで発生するバネ反力によって沈み込み量を減少させることをプリロード調整といいますが、これは車高調整を行うことにもなります。

ノーマル車のサスペンションセッティングは、平均的な体型のライダーを標準として設定されているため、ライダーの体重や使用状況に応じて調整する必要があります。サスペンションの基本調整は、空車時と1G（ライダー1名乗車時）でのサスペンションのストローク量や特定位置の車高の変化量をもとに、サービスマニュアルや取扱説明書の標準値に合うように調整します。

◪プリロード調整の意味

サスペンションは、作動範囲を**サスペンションストローク量**として表します。これは荷重が加わっていない状態からどれだけ圧縮できるかを示しています。バイクの重量やライダーの体重などの荷重が加わると、サスペンションスプリングはその重さによって縮んで圧縮時のストローク量が減少します（上図）。重いものを積載すると有効ストローク量がさらに減少し、段差越えや制動時などに正常に作動しなくなり、ストローク量の限界を超えて底突き（それ以上縮まない）を起こす場合もあります。このため、あらかじめスプリングを縮めておくことで、その反発力を超える荷重が加わるまではスプリングが縮まない状態にし、1Gでの沈み込み量を減少させることができます（中図）。

これをプリロード（イニシャル）調整といい、縮めたスプリングの長さを**イニシャル量**といいます。これには、ネジ式、カム式、ジャッキ式などがあります（下図）。

◪車高調整とホイールアライメント

プリロード調整は、サスペンションの沈み込み量の調整を行うことをいいますが、これは**車高調整**を行うことにもなります。

走行中の姿勢（車高）は絶えず変化しています。特にブレーキング時と加速時での姿勢変化は非常に大きく、サスペンションストローク量が多くなるほど姿勢の変化も大きくなります。停止状態と比べるとブレーキング時はフロントサスペンションが縮んで、リヤサスペンションは伸びる方向に動きます。その結果、車体自体が前屈した状態になるため**キャスター角**が小さくなり、**トレール**も減少するので旋回性がよくなります（122頁参照）。サスペンションの動きを抑制すると、車体の姿勢変化が小さくなり、ブレーキング時の旋回性は低下します。

⚙ サスペンションの沈み込み量の変化

①：空車1Gから②：乗車1Gを引いたものがサグ寸法。空車1Gは、車体重量のみでの
沈み込み量（ストローク量）。乗車1Gは、静止した状態で1名が乗った状態（ライダーの
体重＋車体重量）での沈み込み量。サグ寸法が基準値内であればよい。

 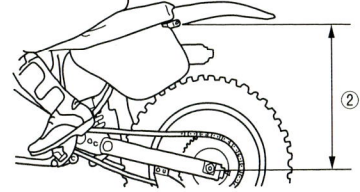

⚙ プリロード調整とストローク量の変化

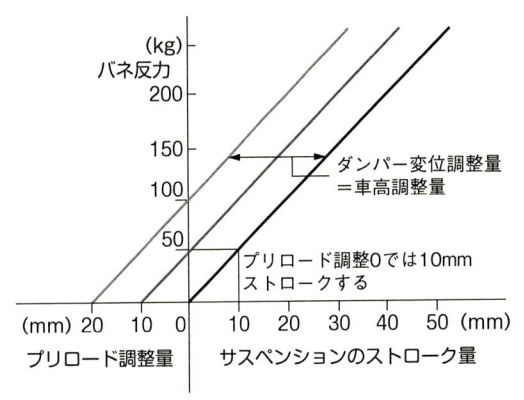

スプリングの硬さは、1mm縮めるのに何kgが必要なのかを示すkg/mmで表示する。例えば、5kg/mmのスプリングに50kgの荷重がかかれば、サスペンションの沈み込み量は10mmとなる。左のグラフのように、体重50kgのライダーがバイクに乗った場合、プリロード調整が0ならサスペンションは10mmストロークするが、プリロード調整でスプリングを10mm縮めると50kgの反力が生じ、ライダーが乗った状態でのストローク量は0になる。調整量を20mmにすると、荷重が100kgになるまではストロークしないことになる（バイクの重量は除く）。

⚙ 油圧ジャッキ式プリロード調整機構

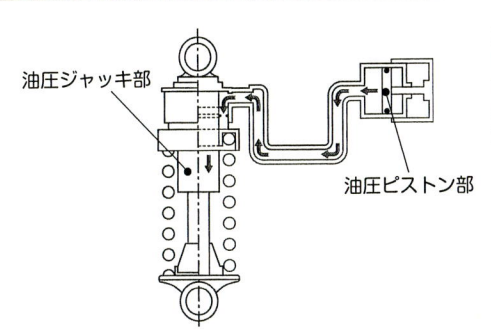

プリロードの調整方法は、フロントサスペンションではネジ式、リヤサスペンションではネジ式、カム式、ジャッキ式（油圧式と機械式）などがある。

POINT
◎スポーツタイプのサスペンションにはプリロード調整機能が設けられ、状況に応じた調整が可能となっている
◎サスペンションストローク量が多くなると姿勢（車高）の変化も大きくなる

ダンパーの減衰力調整

2-6

サスペンションは他のパーツに比較して調整できる部分が多いといえますが、「何をどうしたいのか」が明確でないと、納得できるセッティングをすることはできません。

前項ではプリロード調整・車高調整について解説しましたが、サスペンションにはダンパーの減衰力特性を変化させる**減衰力調整機能**が付いているものがあります。

◢ 減衰力の発生

ダンパーの**減衰力**は、オイルの入ったシリンダーの中をピストンが移動するとき、ピストンにあけられた**オリフィス**やシリンダーとピストンのすき間にオイルが流れることで生まれる抵抗によって発生します。

オリフィスはオイルの流路になりますが、サスペンションが圧縮するときはスプリングが反発する方向に作用するため、オイルの流路は比較的大きな面積が確保され減衰力も弱くなります。逆に伸びるときはスプリングの反力が伸び方向にはたらくため、流路を小さくして強い減衰力を発生させるようにしています（上左図）。

また、減衰力はピストンスピードによって大きく変化するため、オリフィスに浮動して開閉する薄い金属板（シム）を重ねたバルブ（**リーフバルブ**）を設け、ピストンスピードが速くなり内部の油圧が高くなるとバルブの開閉によって流路の面積を大きくして、減衰力を調整します（上右図）。

◢ 減衰力の調整方法

スプリングレートを変更した場合や、ダンパーの動きが悪い、感覚にマッチしない、車体の姿勢（安定性）が悪いなどの不具合がある場合、減衰力を調整します。減衰力の調整は、オリフィスの径を変化させるタイプと、オリフィスに取り付けられたリーフバルブの開き具合を調整するタイプに分けられます。

オリフィス径を変化させるタイプは、オイル通路にニードルバルブによる可変絞りを設け、オリフィスの径を無段階に変化させ、減衰力を調整するニードル弁可変タイプと（下左図）、ピストンロッド内側に異なるオリフィスを持つスリーブを設け、スリーブを回転させてオリフィス径を変化させることで減衰力を調整するスリーブオリフィス可変タイプがあります。

リーフバルブの開き具合を調整するタイプは、リーフバルブにスプリングを設け、スプリングのプリロードを調整してリーフバルブの開き具合を変化させ、減衰力を調整します（下右図）。

⚙ 減衰力の発生

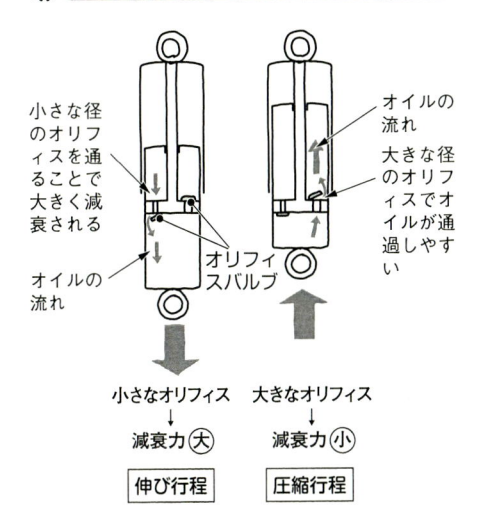

小さな径のオリフィスを通ることで大きく減衰される

オイルの流れ

オイルの流れ

オイルの流れ

大きな径のオリフィスでオイルが通過しやすい

オリフィスバルブ

小さなオリフィス → 減衰力 大 → 伸び行程

大きなオリフィス → 減衰力 小 → 圧縮行程

⚙ バルブのはたらきと減衰力

ピストンスピードに応じて流路の面積をコントロールして、減衰力を調整する。

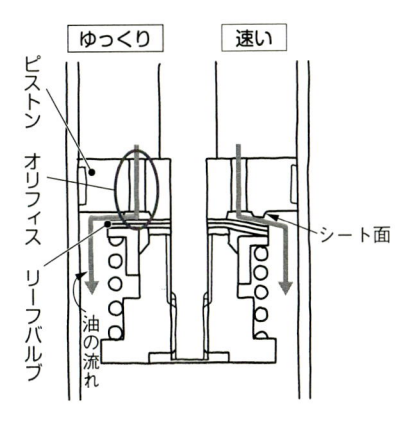

ゆっくり　　速い

ピストン
オリフィス
リーフバルブ

油の流れ

シート面

⚙ ニードル弁可変式

オイルの通路に、ニードルバルブによる可変絞りを設けて減衰力を調整している。

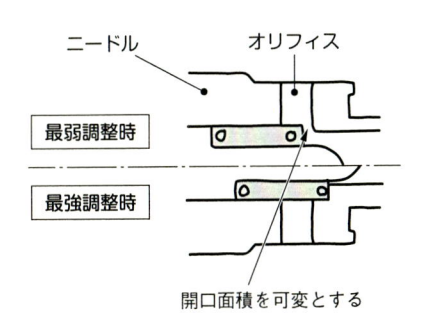

ニードル　　オリフィス

最弱調整時

最強調整時

開口面積を可変とする

⚙ リーフ圧力可変式

リーフバルブにスプリングを設け、リーフバルブの開き具合を変化させて減衰力を調整している。

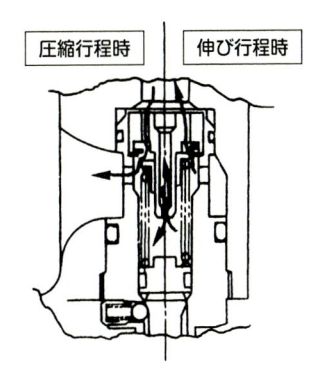

圧縮行程時　　伸び行程時

POINT
◎ダンパーの減衰力調整の方法には、オリフィスの径を変化させるタイプと、オリフィスに取り付けられたリーフバルブの開き具合を変化させるタイプがある

ハンドル周りの振動

2-7

ハンドル周りに振動が発生するケースでは、いくつかのチェックポイントがあります。チューニング車両の場合は、どの部分をどうチューニングしたかを整理して原因を探ります。

■ハンドル周りの振動原因

車体がノーマルで、走行中にハンドル周りに振動が発生する場合は、

・ホイールバランスの狂い

・ステアリングステムのガタツキ

・エンジンマウントやサスペンションマウントの取り付けボルトやナットの緩み

・転倒やタイヤ交換後の調整不良によるフロントホイールとリヤホイールのセンターラインのズレ

・車体各部の歪み

などが考えられます。

サスペンションやフレームをチューニングしている場合は、ノーマル車のバランスがくずれ、走行中に振動が発生する場合があります。

■ハンドル周りで振動が発生した場合の確認事項

振動が発生した場合の対策に特効薬はありません。

ノーマル車両の場合は、次の点を確認します（図）。

・ステアリングステムシャフトの締め付け状態

・ステムベアリングのグリスアップ

・左右フロントフォークの取り付け高さのズレ

・各部の取り付けボルトの締め付けトルク

・フロントホイールとリヤホイールのセンターラインのズレ

・タイヤの変形の有無やホイールバランス

これらの点検で不具合が見つからなければ、車体やフロントフォークの歪みなどが考えられます。車体のチューニングを行っている場合は、過度の姿勢（車高）変化や補強したフレームやサスペンションの剛性が高過ぎる、剛性バランスの不具合、ハイグリップタイヤに対するフレームやスイングアームの剛性不足などが考えられます。また、ハンドルを交換した際にハンドル端部のウエイトの重量バランスがくずれ振動が発生する場合もあります。チューニング車両の場合は、どの部分をどのようにチューニングしたかを整理しながら原因究明を進める必要があります。

⚙ ハンドル周りに振動が発生した場合のチェックポイント

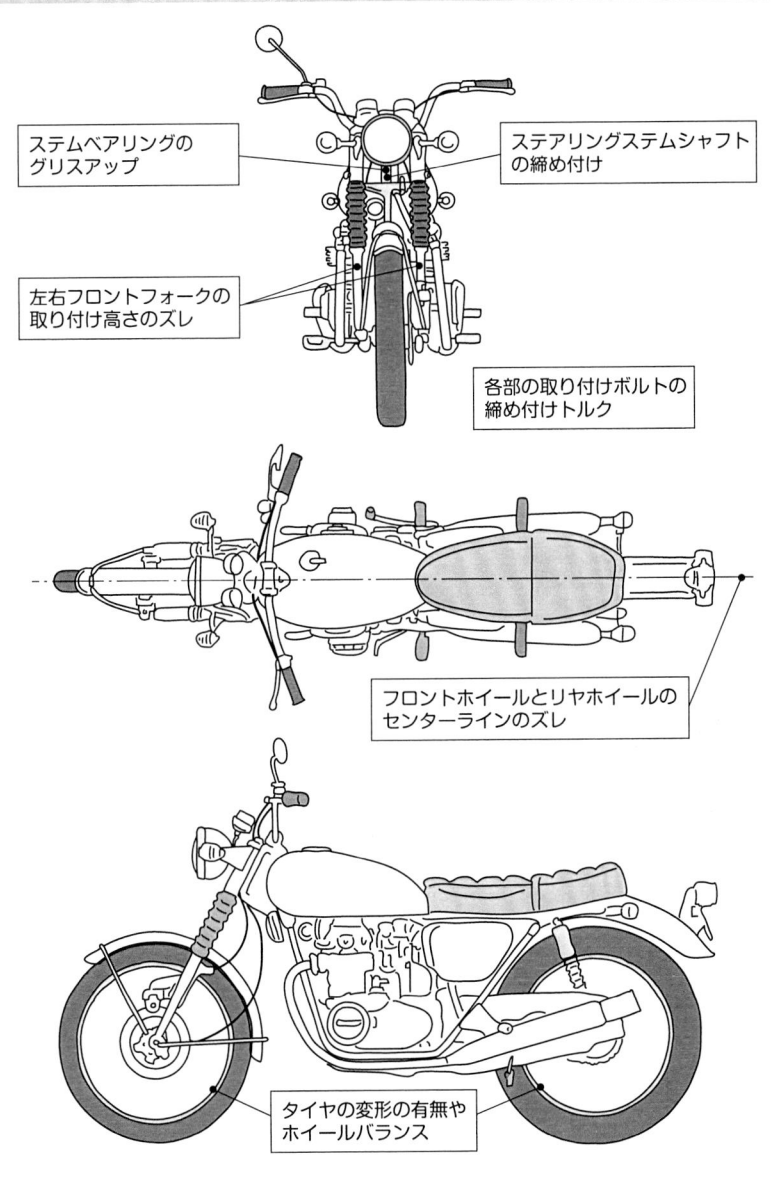

ステムベアリングの
グリスアップ

ステアリングステムシャフト
の締め付け

左右フロントフォークの
取り付け高さのズレ

各部の取り付けボルトの
締め付けトルク

フロントホイールとリヤホイールの
センターラインのズレ

タイヤの変形の有無や
ホイールバランス

POINT

◎サスペンションやフレームをチューニングしている場合、バランスがくずれ
　て走行中に振動が発生することがある
◎どこの部分をどのようにチューニングしたかを整理して原因を探る

ブレーキの種類と構造

いくら高性能のバイクであっても、ブレーキ性能が低ければ安全に走ることはできません。バイクのブレーキには、ディスクブレーキとドラムブレーキがあります。

一般的なバイクのブレーキは、フロントタイヤ用とリヤタイヤ用が独立していて、前後のホイールに取り付けられた回転体に摩擦材を押し付けることで、**運動エネルギーを熱エネルギー**に変換して減速しています。

この一連の動作を**制動**といい、ブレーキのことを**制動装置**ともいいます。高性能なブレーキほど短時間で減速し、発熱量も大きくなります。

◤ディスクブレーキとドラムブレーキ

バイクのブレーキには、円盤形のディスクローターを両側から摩擦材で挟み込む**ディスクブレーキ**と、円筒形のドラムに内側から摩擦材を押し付ける**ドラムブレーキ**があります。

（1）ディスクブレーキ

ディスクブレーキは、

①ブレーキレバーやペダルを操作して**マスターシリンダー**に**油圧**を発生させる

②**ブレーキキャリパー**に取り付けられた**ブレーキパッド**（摩擦材）が、ホイールとともに回転する**ディスクローター**に押し付けられる

というしくみで制動力を生み出します（上図）。

制動力のコントロールがしやすい、ブレーキキャリパーやディスクローターが外部に露出しているため冷却性能が高い、消耗品であるブレーキパッドの交換が簡単で整備性がよい、などがメリットです。

（2）ドラムブレーキ

ドラムブレーキは、

①ブレーキレバーやペダルを操作すると作動カムが横を向く

②**ブレーキシュー**（ライニング）が広がってドラムの内側に押し付けられる

というしくみで制動力を生み出します（下図）。

密閉されているため放熱性が悪く、長時間使用するとドラムの熱膨張によって制動力が落ちる、消耗品であるブレーキシューの交換に手間取るなどの理由から、現在は一部のオフロード車のリヤブレーキやスクーターに使用される程度になっています。

⚙ ディスクブレーキの構造と作動原理

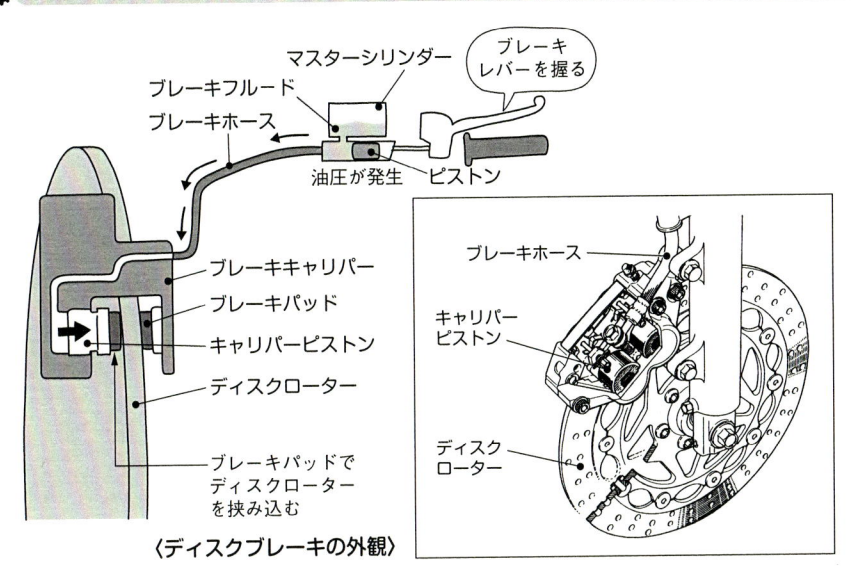

〈ディスクブレーキの外観〉

⚙ ドラムブレーキの構造と作動原理

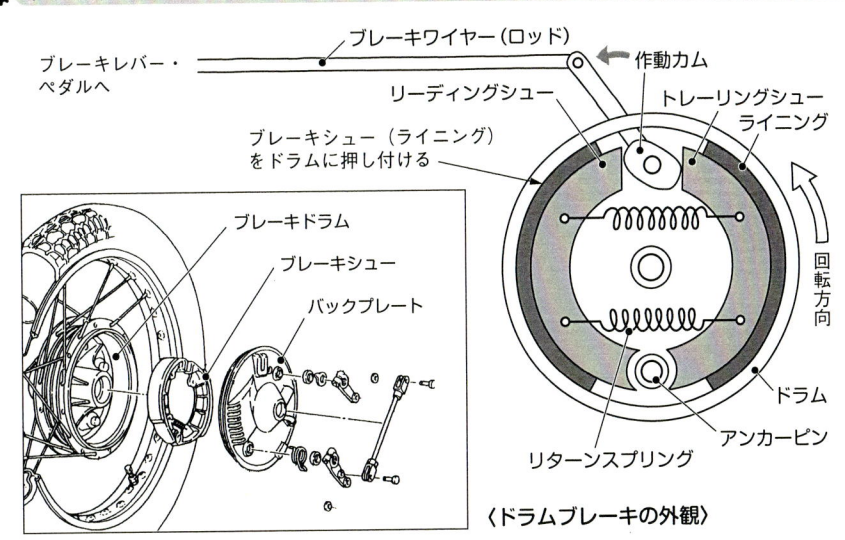

〈ドラムブレーキの外観〉

POINT
◎ブレーキは回転体に摩擦材を押し付けることで制動力を生み出している
◎ディスクブレーキは、操作性や冷却性能がすぐれている点、メンテナンスが
簡単な点から主流になっている

ブレーキマスターシリンダーの構造

3-2

マスターシリンダーは、シリンダーボディ、ピストン、リザーブタンクなどで構成されていて、ブレーキレバーを握ると油圧が発生し、これがブレーキキャリパーに伝わって制動力が生まれます。

■マスターシリンダーの作動

図のブレーキレバーを握ると、**マスターシリンダー**内のピストンが前進します。ピストン先端のピストンカップがリターンポートをふさぐと**ブレーキフルード**の圧力が高まり、**ブレーキホース**を経過して**ブレーキキャリパー**に送られます。反対にブレーキレバーを放すと、ピストンはリターンスプリングの力で元の位置に戻り、ブレーキフルードはリターンポートを通って**リザーブタンク**に戻ります。

一般的に、マスターシリンダーのピストン径とブレーキキャリパー側のピストン（143頁の上図参照）径の差が小さいほど、ピストンストローク量が少なくカチッとした手応えになりますが、ブレーキキャリパー側に発生する油圧が低くなり**制動力**のコントロールが難しくなります。逆に差が大きくピストンストローク量が多いと制動力は高くなりますが、操作時の手応えは悪くなります。

■適切なマスターシリンダーのピストン径

リヤブレーキや自動車のフットブレーキなどと異なり、バイクのフロントブレーキは感覚が鋭敏な手を使って細かなブレーキコントロールをするため、少しの違いもよくわかります。

マスターシリンダーのピストン径はインチサイズとミリサイズが混在しており、1/2や5/8などの分数表示はインチ、数字2桁表示はミリになります。

マスターシリンダーの適切なピストン径はブレーキシステムの仕様やライダーの好みによって変化しますが、一般的には大きな制動力を必要としないスクーターやグリップの悪い路面で細やかなブレーキコントロールが求められるオフロード車では、ブレーキ側ピストン径が比較的小さいこともあり、マスターシリンダー側ピストン径には1/2（12.7mm）や11mmといったサイズが主に使用されています。

ブレーキキャリパーが左右に付くダブルディスク車や対抗ピストン、4POTキャリパー付き車になると、ブレーキキャリパー側のピストン径が大きくなるため、14mm、16mm、22mmといったものや5/8（約15.9mm）、11/16（約17.5mm）、3/4（約19.1mm）サイズのものが使用されています。マスターシリンダーを交換する際には、基本的にはノーマルと同等サイズのものを選ぶようにします。

マスターシリンダーの構造と油圧経路

マスターシリンダーのピストンとブレーキキャリパー側ピストンにはパスカルの原理がはたらくため、ピストン径の差が大きいほど、軽い力で強くブレーキをかけることができる。マスターシリンダーはピストン径の比率によってブレーキタッチ(操作感)が大きく変化するため、ブレーキキャリパーを交換した際は、見直しをする必要がある。

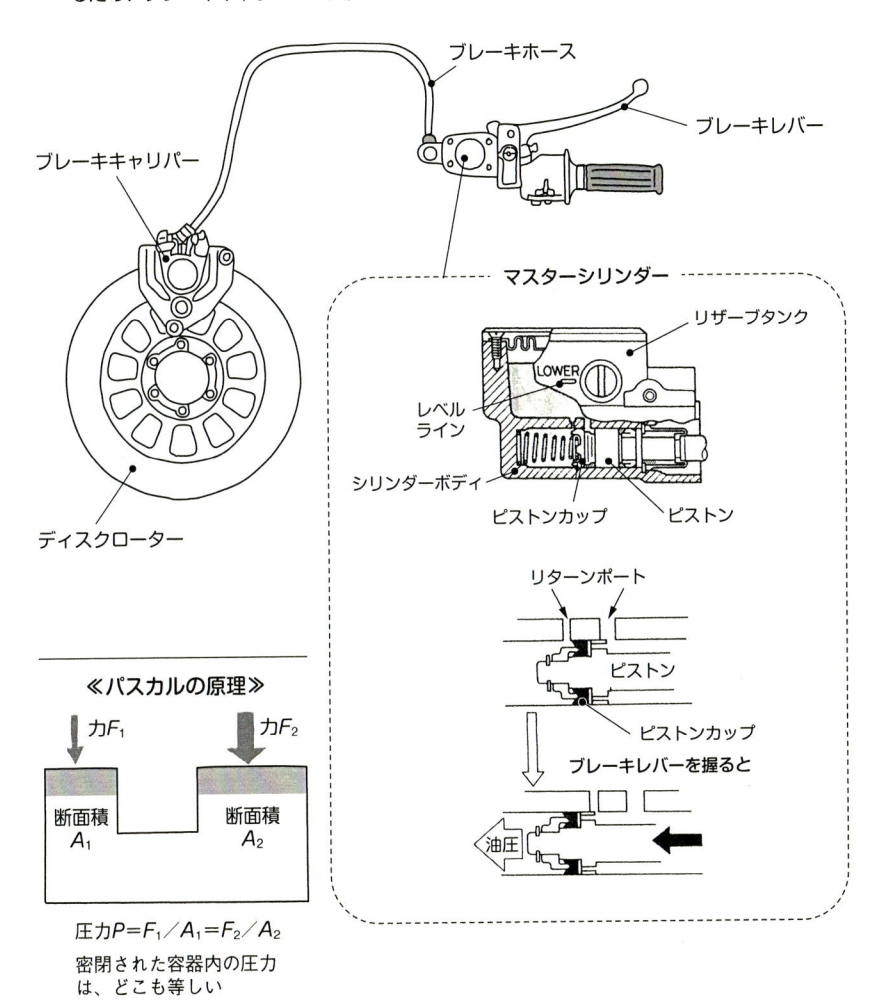

POINT ◎マスターシリンダーによって油圧を発生させてブレーキキャリパーのピストンを動かし、制動力を生み出している。この制動力は、マスターシリンダーとブレーキキャリパー、それぞれのピストン径(面積)の比によって決まる

145

マスターシリンダーとブレーキキャリパーの種類

2輪で走るバイクにとって、ブレーキの操作性や制動力はとても重要です。その性能に直結するマスターシリンダーやブレーキキャリパーにはいろいろな工夫が施されています。

■ラジアルポンプマスターシリンダーの利点

フロントブレーキの操作性には、**マスターシリンダーの取り付け方向も大きく影響**します。通常の横置き型の場合、**ブレーキレバーの動作方向（前後方向）をレバー固定ボルトで回転させて横方向の動きに変換させるため、レバーの操作量に対してピストンの移動量が少なくなり、その量も比例しません。

ラジアルポンプマスターシリンダーは、シリンダー部を縦方向に取り付けることでレバーの動きをダイレクトにピストンに伝えることができ、レバー比の設定を大きくとれることから、ピストンストロークを取りやすく、ブレーキのコントロール性がよくなります（上図）。

■鋳造製と鍛造製

一般的なマスターシリンダーは、主に溶かしたアルミ合金を型に流し込んで製造した鋳造品です。フルブレーキング時にはブレーキシステム全体に非常に高い圧力が発生するため、ブレーキキャリパーやホース、マスターシリンダー全体がわずかながらも膨らんで、圧力が逃げてしまうことがあります。このため、より強度の高い鍛造品が使用されることがあります。鍛造はアルミ合金の無垢材を強い力で金型にプレスして成型する方法で、金属の結晶組織を圧縮するため密度が高く、鋳造品のような内部の気泡などが発生しません。このため、フルブレーキング時のシリンダーの変形を抑えることができ、ブレーキのコントロール性が向上します。

■モノブロックキャリパーとラジアルマウントキャリパー

対向ピストン型の**ブレーキキャリパー**（セパレート型）は左右分割されたものをボルトで結合していますが、制動時にキャリパー内のピストンに強い**油圧**がかかるとキャリパー本体が外に広がり、制動力が低下します。**モノブロックキャリパー**は、キャリパー本体を一体で製造して剛性を高め、ピストンに加わる力をムダなく**制動力に変換します**（中図）。

またラジアルマウントキャリパーは、一般的なキャリパーがフロントフォークに横方向からボルトで締結するのに対し、前後（縦）方向から締結しています。これにより結合部分の剛性が増し、制動時の操作性が向上、制動力も安定します（下図）。

⚙ ラジアルポンプマスターシリンダー

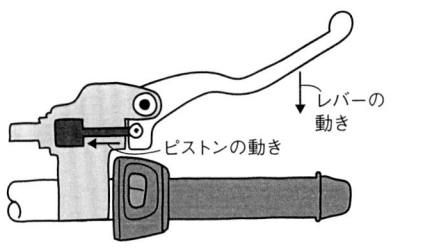
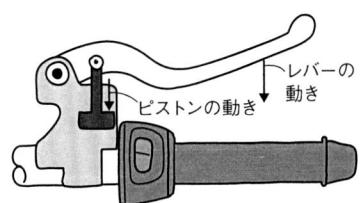

①通常のマスターシリンダー　　　　　②ラジアルポンプマスターシリンダー

⚙ モノブロックキャリパー

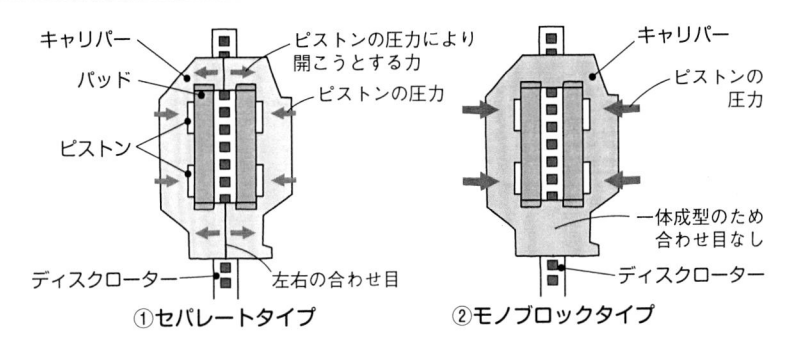

①セパレートタイプ　　　　　　②モノブロックタイプ

⚙ ラジアルマウントキャリパー

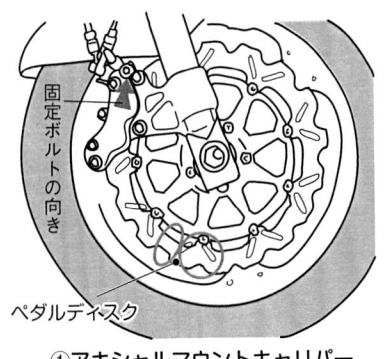
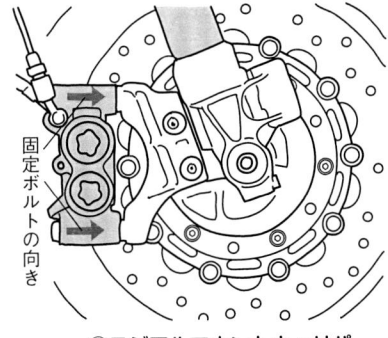

①アキシャルマウントキャリパー　　　②ラジアルマウントキャリパー

POINT
◎ラジアルポンプマスターシリンダーは、レバーの握り量に対してピストンの
移動量を大きくすることができる
◎ラジアルマウントキャリパーは操作性が向上し、安定した制動力を発揮できる

ブレーキのメンテナンス

3-4

ブレーキは安全に関わる重要な部品です。それだけに常にベストな状態を維持する必要があります。そのためには、日常点検と保守・整備は欠かせません。

■ディスクブレーキのメンテナンス

ブレーキをメンテナンスするうえでまず行うのは日常点検で、**ディスクブレーキ**の場合、最初に手がけるのは**ブレーキパッド**の残量確認です。**制動力**はブレーキパッドが**ディスクローター**と摩擦し合うことで生じるので、当然のことながら摩耗していきます。パッドが減っていくと利き味は変わっていきますし、完全になくなれば金属製のベース部分が直接ディスクローターに触れることになるので、ローターを傷めてしまいます。確認はキャリパー後方からパッドを見て、パッドに彫ってある溝（インジケーター）の深さをチェックします（上図）。サービスマニュアルなどに記載されている許容量を超えたら交換することになります。

次にブレーキフルードの量を確認します。**リザーブタンク**の液面を見て点検します（中図）。下限値より少なくなると、エアが混入してブレーキが利かなくなることがあります。色具合もチェックします。ブレーキフルードは吸湿や熱の影響などにより劣化していき、透明度も低下していきます。透明度が落ち、色が濃くなってきたら劣化が進んだ証拠です。交換の目安はサービスマニュアルなどを参考にして、定期的に行います。このとき**ブレーキホース**からの漏れの有無なども点検します。

ブレーキパッドほどではないですが、ディスクローターも徐々に摩耗していきます。定期的に計測し、使用限度を超えたら交換することになります。異物を噛み込んだ場合、レコード盤のような溝ができることがあります。その程度によっては、交換が必要になることもあります。

■ドラムブレーキのメンテナンス

最近では少なくなりましたが、それでも一部の商用モデルやスクーター、レトロチックバイクに**ドラムブレーキ**が使われています。ドラムブレーキは、車輪と一緒に回る**ブレーキドラム**の内側に**ブレーキシュー**を押し付けて制動力を得ています。点検はブレーキシューに貼り付けられてブレーキドラムに直に接触する**ブレーキライニング**の摩耗具合の把握です（下図）。カムレバー付近にあるバックプレートの残量目盛で点検できるものもあります。遊びの調整は、アジャストスクリューを回して行います。調整する際は、ブレーキを引きずらない程度を目安にします。

⚙ ブレーキパッドの点検

ディスクローターとブレーキパッドの隙間を確認する。ブレーキパッドに設けられたインジケーターの深さが浅くなって許容範囲を超えたら交換する。

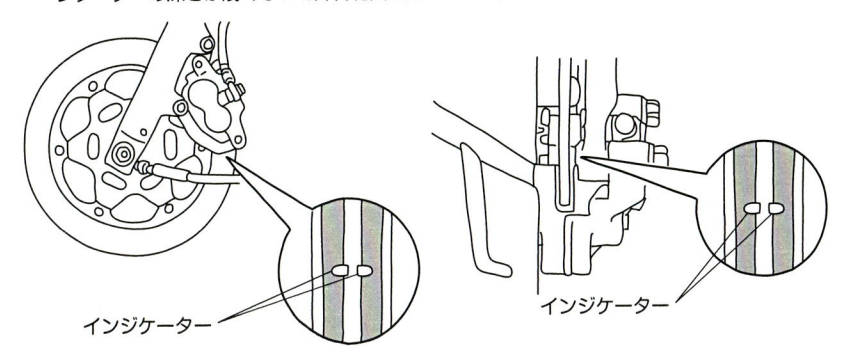

インジケーター

インジケーター

⚙ ブレーキフルードの点検

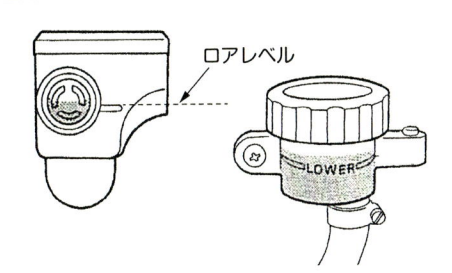

ロアレベル

リザーブタンクには上下に2本の線や印が設けられている。このうちの下段(ロア)レベル以下なら、ブレーキフルードを補充する。ブレーキフルードの量の変化は、ブレーキパッドの摩耗の目安になる。

⚙ ブレーキシューの点検

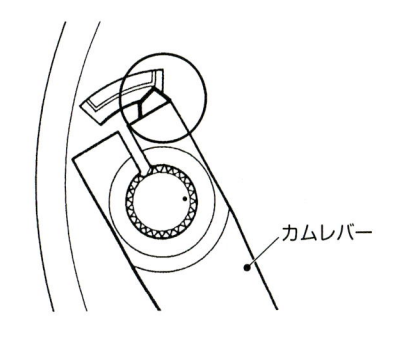

カムレバー

ドラムブレーキは、ブレーキドラムの内側にブレーキシューを押し付けて制動する(ブレーキドラムに直接接するのは、ブレーキシューに貼り付けられたブレーキライニング)。車種によっては、バックプレートの残量目盛でブレーキシューの残量が確認できる。後輪の場合、ブレーキペダルを踏むとブレーキロッドによってバックプレートに取り付けられたレバーが引っ張られる(143頁下図参照)。残量目盛の指針が目盛を超えたら交換の目安。ライニングは張替えが可能。

POINT
◎ディスクブレーキでは、ブレーキパッドの残量確認やブレーキフルード量の確認は手間や暇は掛からず目視で簡単に行えるので、日常的に点検したい
◎ドラムブレーキは、ブレーキライニングの摩耗状況を把握する

ブレーキホースとブレーキフルード

ともすれば、油圧式ブレーキではブレーキキャリパーやディスクローターに目を向けがちですが、ブレーキホースやブレーキフルードも重要な役割を担っています。

現在、ブレーキは油圧式が主流です。**油圧式ブレーキ**は、レバーやペダルを操作することで、**ブレーキホース**に充填された**ブレーキフルード**が**マスターシリンダー**内のピストンを押し、その圧力を**ブレーキキャリパー**に伝えて**制動力**を得ています。

ブレーキの不具合は事故に直結するため、メンテナンスはプロに任せましょう。

■ブレーキホースの取り回し

先にも記しましたが、バイクのブレーキは前輪と後輪が独立しており、それに伴いブレーキラインも前後輪で分かれています。さらに前輪にはブレーキセットが1組のシングルディスクブレーキと2組あるダブルディスクブレーキがあります。

ダブルディスクでは、マスターシリンダーとブレーキキャリパーをつなぐブレーキホースの取り回しが3種類あります（上図）。トライピース型はマスターシリンダーから出た1本のブレーキホースが途中で2本に別れ、左右のキャリパーにつながっています。ダイレクト型はマスターシリンダーから2本のホースが左右のキャリパーに直接つながっています。バイピース型はマスターシリンダーから一方のキャリパーにホースを接続し、そこからもう一方のキャリパーにつながっています。

純正品のブレーキホースの材質はゴム製が一般的ですが、社外品にはテフロン（四フッ化エチレン；PTFE）チューブの周りをステンレスメッシュなどで包んだメッシュホースがあります。ゴム製と比較すると内部膨張しにくいといわれており、ダイレクトなタッチ感を求めるライダーには好評のようです。接続に用いられるフィッティングにはアルミ製とステンレス製がありますが、耐久性ではステンレス製のほうがすぐれています。

■ブレーキフルードの特性

ブレーキフルードには粘性が低く、圧力による体積の変化が少ない、低温でも凝固せず、高温でも沸騰しない、ブレーキを構成している部品に悪影響を及ぼさないなど作動油としての特性が求められることから規格化されています。この規格はDOT規格と呼ばれ、日本のJIS規格もこれに準拠しています（下図）。

通常バイクにはDOT4が使われています。これはグリコール系を主成分としたものです。吸湿などにより劣化するため、定期的な交換が必要です。

⚙ ブレーキホースの取り回し方法

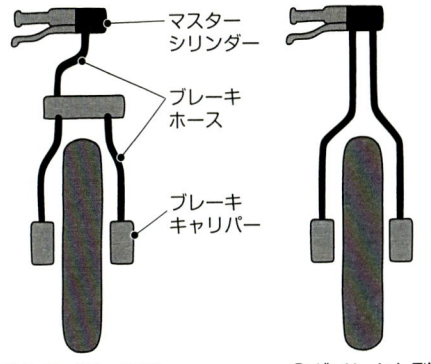

①トライピース型

マスターシリンダーから1本のホースが出て、途中で2本になりブレーキキャリパーに接続する。コントロール性にすぐれるため、スポーツ車などに使われている

②ダイレクト型

マスターシリンダーから2本のホースが出ていて、それぞれが左右のブレーキキャリパーに接続している。シンプルで扱いやすいため、初心者向きといえる

③バイピース型

トライピース型とダイレクト型の中間ともいえるタイプで、1つのブレーキキャリパーを経由（バイパス）してもう一方のブレーキキャリパーにつながる

⚙ ブレーキフルードの規格

等　　級	DOT3	DOT4	DOT5.1/5
JIS規格	BF-3	BF-4	BF-5
成　　分	グリコール系	グリコール系	グリコール系／シリコン系
ドライ沸点	205℃以上	230℃以上	260℃以上
ウェット沸点	140℃以上	155℃以上	180℃以上
高温粘度(100℃)	1.5mm^2/s以上	1.5mm^2/s以上	1.5mm^2/s以上
低温粘度(−40℃)	1,500mm^2/s以下	1,800mm^2/s以下	9,000mm^2/s以下
ph値	7.0〜11.5	7.0〜11.5	7.0〜11.5

ドライ沸点：吸湿していない状態での沸点
ウェット沸点：決められた条件で吸湿させた（水分約3.4％）状態での沸点
粘度：流動性を表す指針で、数値が高いと硬くなり流動性は低下する
※DOT5.1とDOT5の違いは成分で、物性は同じ

POINT

◎フロントブレーキのブレーキホースの取り回しには、トライピース型、ダイレクト型、バイピース型の3種類がある
◎バイクに使われるブレーキフルードは、DOT4が一般的

ABS（アンチロックブレーキシステム）

3-6

クルマと違って転倒する危険のあるバイクでは、ブレーキングによるタイヤのロックを防ぐためのABSは重要です。現在、二輪自動車（排気量125cc超）では装備が義務化されています（新型車の場合）。

144頁でも解説しましたが、ブレーキにかかる**油圧**は、ライダーが**ブレーキレバー**（ペダル）をどう操作するかに左右されます。通常の路面をふつうに走っている分には問題ありませんが、路面の状態が急に変化したり急ブレーキをかけたりしたときには、あわてて適切なブレーキングができないときもあります。

ABS（アンチロックブレーキシステム）は、こんなときタイヤのロックを一定の範囲内で防ぎ、安全に走行するためのシステムです。

◤ABSの構成

ABSは、

①前輪・後輪に取り付けられた**ホイールスピードセンサー**

②センサーから送られてくるホイールの回転数をもとにバイクのスピードや減速度を計算して、ホイールがロック状態かどうかを判断する**ECU**（エレクトロニック・コントロール・ユニット）

③ECUからの信号によってブレーキの効き具合を調整する油圧制御ユニットなどで構成されています（上図）。

ABSユニットは、ホイールとともに回転するホイールスピードセンサーからの信号を受けて、ポンプ駆動モーターとソレノイドバルブ（IN側・OUT側）の作動をコントロールし、ブレーキ圧力を調整します。

例えば、ホイールスピードセンサーからの信号によってECUが「車輪がロック状態に近い（車体速度に対して車輪速度が落ちた状態）」と判断すると、ABSユニットでブレーキ圧の「保持」と「減圧」を自動的に繰り返して車輪のロックを回避します。そして、ロック状態がなくなるとブレーキ圧を「増圧」します。

◤前後輪連動ブレーキシステム＋ABS

最近は、**前後輪連動ブレーキシステム**※（デュアルコンバインドブレーキシステム）とABSの両者を電子制御化して、より細かくコントロールすることでスムーズな液圧制御が可能となっています。これにより、ブレーキング時に発生する車体のピッチング（前後方向の動き）を効果的に抑えたり、ABS作動時に発生する振動を減少させるなど、正確で安全なブレーキングを実現しています（下図）。

※　前後輪連動ブレーキシステム：前輪一方のブレーキが作動したとき、もう一方も自動的に制動力を発生させるシステム

⚙ ABSのシステムイメージ

ABSは、自動的にポンピングブレーキ(レバーやペダルを徐々に操作して、滑り始めたら緩め、また強めるという作業を繰り返してロックを防ぐブレーキング法)の状態をつくり出している。

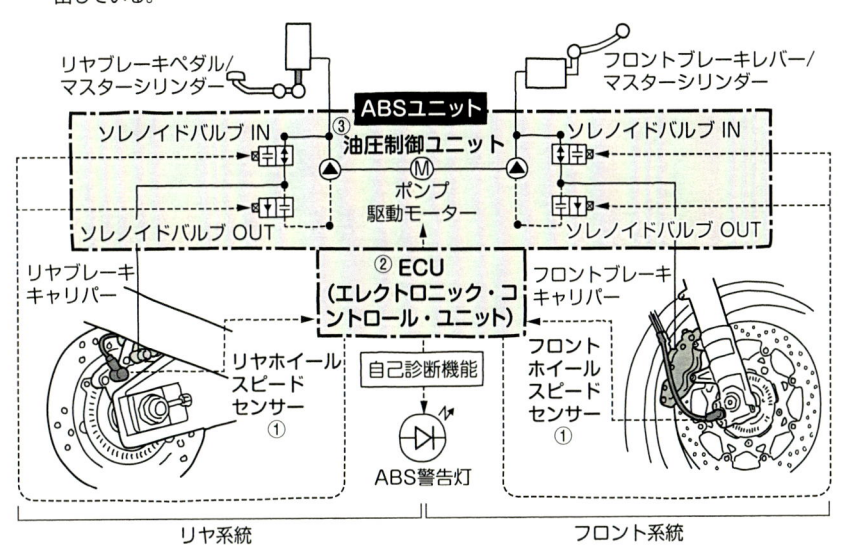

⚙ 電子制御式コンバインドABSの例

ブレーキの入力状況をECUが検知、演算してフロント・リヤそれぞれに配置されたパワーユニット内のモーターを作動させることで液圧を発生させ、最適な制動力をつくり出している。

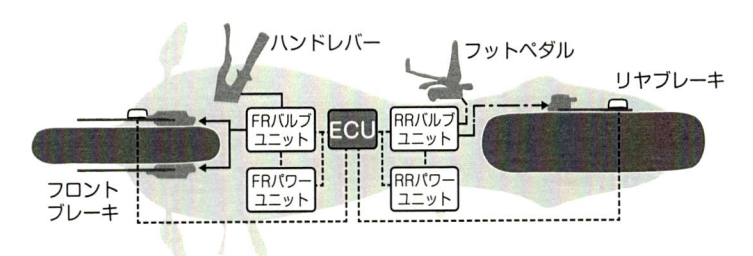

POINT

◎ABSはホイールスピードセンサーからの信号をECUで判断し、状況に応じてポンピングブレーキの状態をつくり出している

◎前後輪連動ブレーキ+ABSの電子制御化で、より細かな液圧制御をしている

タイヤの種類と構造

タイヤはバイクのパーツの中で唯一路面と接していて、多くの重要なはたらきをしています。タイヤは、カーカスの方向や内部の空気圧の保持方法などによっていくつかの種類に分けられます。

タイヤは、次の4つの役割を果たしています。①路面とタイヤ接地面の摩擦により、エンジンからの動力やブレーキの制動力を路面に伝える駆動・制動機能、②ステアリング操作を路面に伝える進路保持機能、③路面からの衝撃を吸収する緩衝機能、④ゴムと空気の圧力による弾性を利用してバイクの車重を支える荷重支持機能。

■タイヤの構造

タイヤは、路面と接する**トレッド**部、タイヤの側面で、タイヤにかかる加重を支える**サイドウォール**部、タイヤをホイールにはめ込む部分の**ビード**部から成り立っています（上左図）。

トレッド部の表面は路面と直接接触するため、耐摩耗性、低発熱性、低ころがり抵抗性などの条件を満たすゴムが用いられています。トレッド部の下にあってタイヤの骨格となっているのが、ナイロンやポリエステルなどの繊維をゴムで固めた**カーカス**層です。

サイドウォール部は、バイクの車重やエンジン出力、路面からの衝撃などの荷重を受け止めるため、耐屈曲疲労性※のすぐれたゴムを使用します。

■タイヤの種類

タイヤは空気圧を保持する方法によって2種類に分けられます（上右図）。タイヤの内側にチューブを入れるタイプが**チューブタイヤ**で、スポークホイール車（158頁参照）などに用いられます。チューブを使わず、タイヤ内側に機密性の高いインナーライナーを貼り付け、タイヤとリム全体で空気室を構成しているのが**チューブレスタイヤ**で、こちらは主にキャストホイール車に使用されています。チューブレスタイヤは放熱性にすぐれ、パンク時に急激な圧力低下が起こりにくいなどのメリットがあります。

またタイヤは、タイヤの骨格であるカーカスの巻き方によって**バイアスタイヤ**と**ラジアルタイヤ**に分けられます（中図）。バイアスタイヤは安価でタイヤ全体に柔軟性があるため乗り心地がよく、ラジアルタイヤは操縦性、安定性、耐摩耗性、ころがり抵抗性などにすぐれていて、ロードタイプなどによく使用されています。

下図に、タイヤ規格上の名称を示しておきます。

※　耐屈曲疲労性：何度も曲げたり伸ばしたりしたときの亀裂・破断のしにくさ

⚙ タイヤの構造

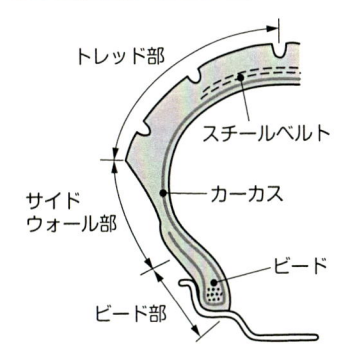

- トレッド部
- スチールベルト
- サイド ウォール部
- カーカス
- ビード
- ビード部

⚙ チューブタイヤとチューブレスタイヤ

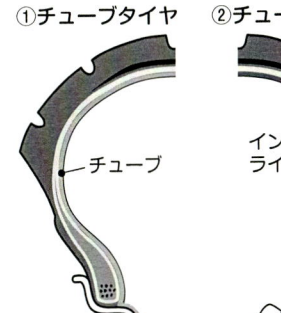

①チューブタイヤ　　②チューブレスタイヤ

- チューブ
- インナー ライナー

⚙ バイアスタイヤとラジアルタイヤ

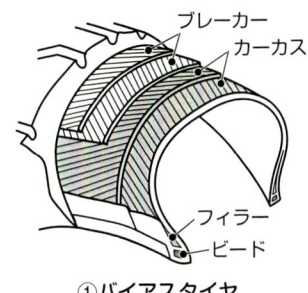
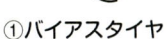

- ブレーカー
- カーカス
- フィラー
- ビード

①バイアスタイヤ

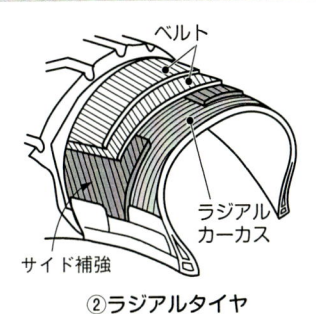

- ベルト
- ラジアル カーカス
- サイド補強

②ラジアルタイヤ

バイアスタイヤは、斜めに巻かれたカーカスがクロスするように重ねられており、ラジアルタイヤは、カーカスが放射状(ラジアル)に巻かれてベルトで補強されている。

⚙ タイヤ規格上の名称

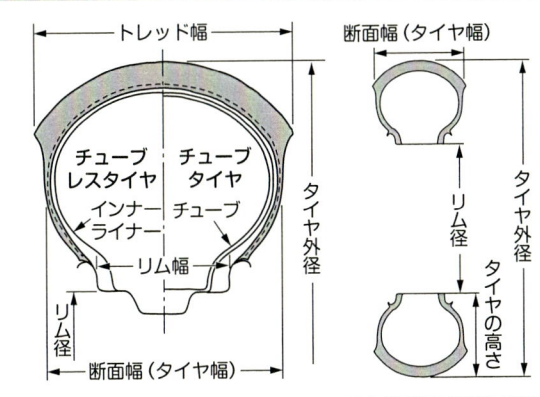

- トレッド幅
- チューブ レスタイヤ
- チューブ タイヤ
- インナー ライナー
- チューブ
- リム幅
- リム径
- 断面幅(タイヤ幅)
- タイヤ外径
- 断面幅(タイヤ幅)
- リム径
- タイヤの高さ
- タイヤ外径
- タイヤの高さ

$$偏平率(\%) = \frac{タイヤの高さ}{断面幅(タイヤ幅)} \times 100$$

- タイヤの高さ
- 断面幅(タイヤ幅)

POINT
◎タイヤにはチューブタイヤとチューブレスタイヤがある
◎バイアスタイヤは安価で乗り心地がよく、ラジアルタイヤは操縦性、安定性、耐摩耗性、ころがり抵抗性などにすぐれている

タイヤサイズとトレッドパターン

4-2 タイヤはバイクの用途や性能などに合わせて、そのサイズが設定されています。また、グリップ力や排水機能に関係するトレッドパターンは、バイクの使用目的に合わせて決められます。

◤タイヤのサイズ

タイヤにはそれぞれサイズがあり、バイクの用途や車両重量、エンジン特性、速度特性などの性能に合わせて設定されています。

タイヤのサイズ表示は、上図のように**タイヤ幅**、**偏平率**、**リム径**、ラジアル構造かバイアス構造かなどがサイドウォール部に示されています。

ロードインデックスは**荷重指数**で、タイヤ1本で支えることができる最大負荷能力を意味します。図では71となっていますが、これは345kgまで負荷できるということです。

速度記号は、規定された条件においてそのタイヤが走行できる最高速度を示しています。図ではVとなっていますが、これは240km/hまで走行できるということです。ちなみに、P：150km/h、S：180km/h、H：210km/hです。

タイヤサイズは基本的にはメトリック（ミリ）表示ですが、インチ表示のものもあります。

◤いろいろなトレッドパターン

タイヤのトレッド面に彫られた溝のことを**トレッドパターン**といいます。これによってグリップ力と排水機能を確保しています。

トレッドパターンは、

①**リブパターン**：縦方向の溝

②**ラグパターン**：横方向の溝

③**リブラグパターン**：両方を組み合わせた溝

④**ブロックパターン**：独立したマス目

をもつ4種類に分けられます（下図）。

これらはタイヤのグリップ力や発熱量、走行中の騒音などに関係するため、使用目的に合わせて選択されます。ロードスポーツ車では、フロントタイヤにはころがり抵抗が少なくグリップのよいリブパターンを主にしたタイヤ、リヤタイヤには駆動力を路面に伝えやすいラグパターンを主にしたタイヤを使用します。非舗装路を走行するオフロード車では、ブロックパターンのタイヤを使います。

✿ タイヤサイズの表示例

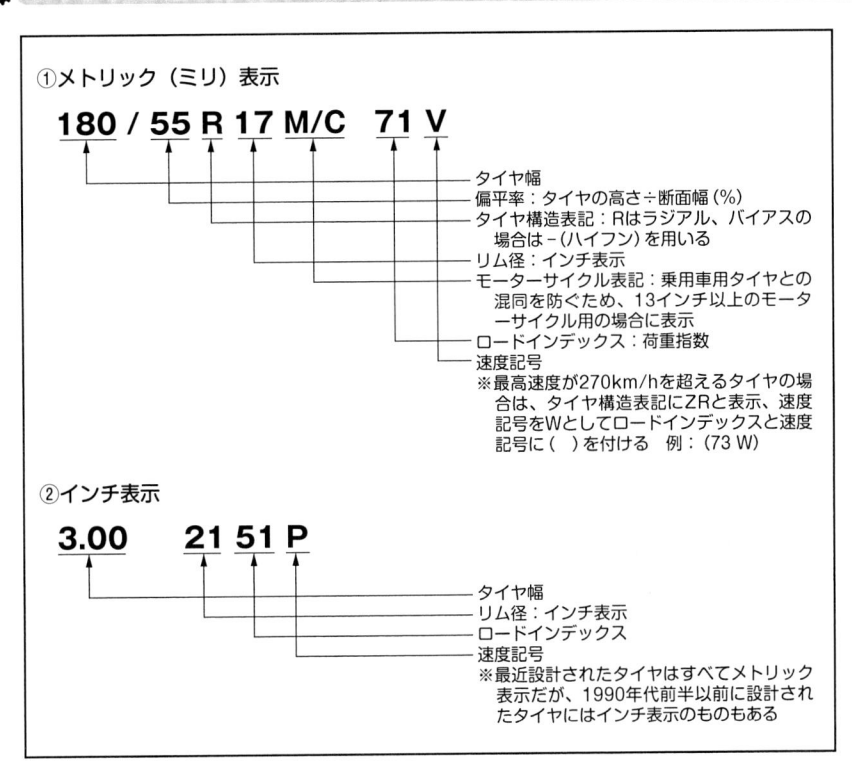

①メトリック（ミリ）表示

180 / 55 R 17 M/C 71 V

- タイヤ幅
- 偏平率：タイヤの高さ÷断面幅（%）
- タイヤ構造表記：Rはラジアル、バイアスの場合は－（ハイフン）を用いる
- リム径：インチ表示
- モーターサイクル表記：乗用車用タイヤとの混同を防ぐため、13インチ以上のモーターサイクル用の場合に表示
- ロードインデックス：荷重指数
- 速度記号
- ※最高速度が270km/hを超えるタイヤの場合は、タイヤ構造表記にZRと表示、速度記号をWとしてロードインデックスと速度記号に（　）を付ける　例：（73 W）

②インチ表示

3.00 21 51 P

- タイヤ幅
- リム径：インチ表示
- ロードインデックス
- 速度記号
- ※最近設計されたタイヤはすべてメトリック表示だが、1990年代前半以前に設計されたタイヤにはインチ表示のものもある

✿ タイヤのトレッドパターン

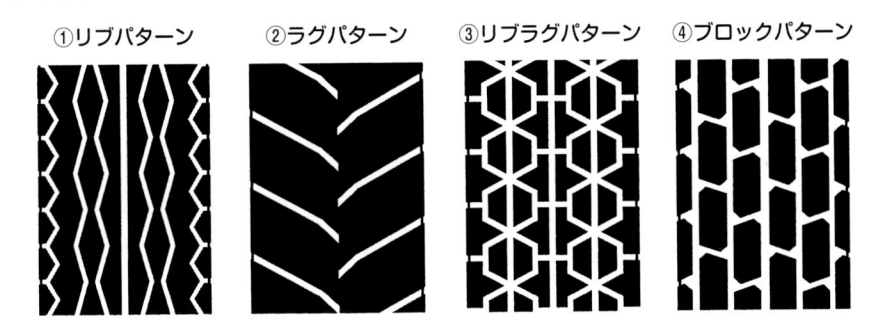

①リブパターン　　②ラグパターン　　③リブラグパターン　　④ブロックパターン

POINT ◎タイヤサイズの表示には必要な情報が盛り込まれている
◎トレッドパターンには、リブパターン、ラグパターン、リブラグパターン、ブロックパターンがあり、使用目的によってセレクトされている

ホイールの種類

ホイールはタイヤと組み合わされて、駆動力や操舵力を路面に伝えるとともに、ブレーキ装置の一部としてもはたらいています。また、非常に目立つため、デザイン性も要求されます。

ホイールは、タイヤを取り付ける**リム**部、ブレーキ装置の一部を兼ねる**ハブ**部、リムとハブをつなぐ**スポーク**部から構成されています（上図①）。スポーク部の構造によって主に2つに分けられます。

■ホイールの種類

①**スポークホイール**：スポークホイールは、ハブ部とリム部を鋼線でつないで組み立てています。軽量で衝撃吸収性がよく、比較的安価なため、主に実用車やオフロード車などに使用されています。

ハブ部はアルミ合金の鋳物で、外周にはスポークを取り付ける穴があけられています。リム部は鋼板を成形したものや、アルミ合金製の押し出し材を使用したものがあります。アルミ合金製のリムには、剛性を高めるためにタイヤのビード部と接する部分を中空にしたものもあります。スポークホイールは組み立て式のため、ホイールの中心のずれやリムの「振れ」に対する精度が低く、走行時の振動や衝撃によってスポークが緩むため、定期的な増し締めが必要になります。

先ほど述べたように、リム部にスポークを取り付けるための穴があいているため、一部の特殊な例を除いて、チューブレスタイヤが使用できない、ハブとリムの結合にスポークを使用しているため剛性が低く、ハイグリップタイヤの性能を発揮しにくいなどのデメリットがあります。

②**キャストホイール**：キャストホイールは、ハブ部、スポーク部、リム部がアルミ合金で一体鋳造されています（上図②）。ロードスポーツに使用されるワイドタイヤに対応するため、ワイド化したリム部の重量増加を抑え、バネ下重量を軽くしてサスペンションの追従性をよくするため、スポーク部の中空化やマグネシウム合金を使用した軽量化、鍛造による強度アップを図ったものもあります（下図）。鋳造後に機械加工されるため、ホイールの中心のずれやリムの振れに対する精度が高く、ホイール全体の剛性がアップします。

キャストホイールは、スポーク部の衝撃吸収性が少なく、またチューブレスタイヤを使用する場合、リム部にピンホールなどがあると空気が漏れるため、製造時に高い工作精度が求められます。

⚙ スポークホイールとキャストホイール

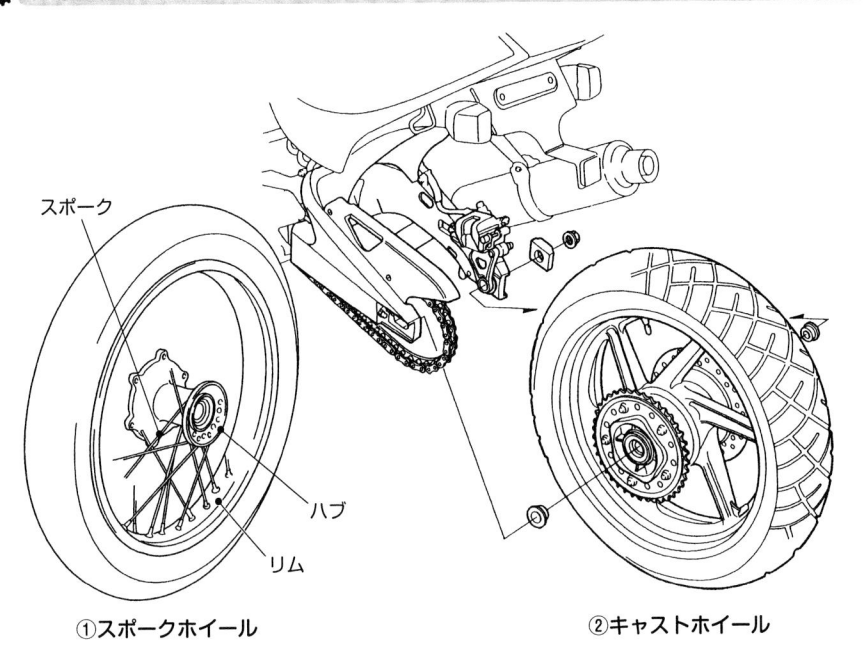

スポーク

ハブ

リム

①スポークホイール

②キャストホイール

⚙ ホイールの製造方法

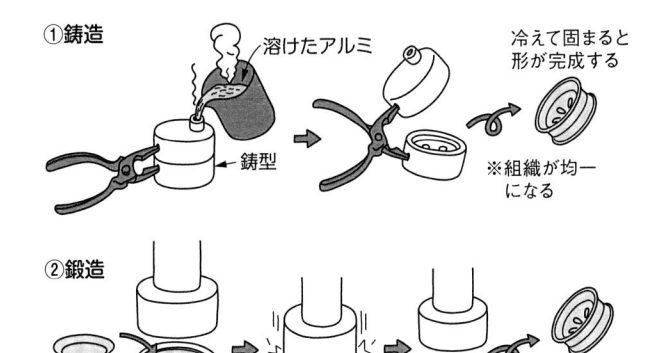

①鋳造

溶けたアルミ

冷えて固まると
形が完成する

鋳型

※組織が均一
になる

②鍛造

素材

鍛造型

素材をたたく

※組織が緻密で
薄くできる

鋳造アルミホイールは、鋳型にアルミ合金を流し込めば比較的低コストにできる。鍛造は素材をたたくようにしてつくるためコストがかかるが、鋳造と同じ強度であれば軽量にすることができる。

POINT
◎スポークホイールは、主に実用車やオフロード車に使用される
◎キャストホイールは、ハブ・リム・スポーク部が一体鋳造され、チューブレスタイヤを使用できるため、ほとんどのロードバイクで採用されている

タイヤの日常点検

タイヤは車重を受けとめながら、駆動力や制動力を路面に伝え、操舵し、また路面からの衝撃も和らげています。性能や安全に直接大きく関わっている重要な部品です。

■トレッドやサイドウォールの摩耗・損傷などのチェック

タイヤ点検では、摩耗状況と傷の有無などを確認します。**トレッド**面に異常摩耗や部分的な損傷、切れ目などがあるか、**サイドウォール**に損傷や変形、クラックなどがあるかどうかチェックします。傷がタイヤの内部構造に達しているようなら交換が推奨されています（上図）。

タイヤの外周には**スリップサイン**の位置を示す「△マーク」やインジケーターが複数あります。トレッドが摩耗して残り溝が規定値に達すると、△マークの延長線上にあるトレッド面にスリップサインが現れてきます（中図）。摩耗するに従いタイヤのグリップ力や耐排水性などは低下していきますので、現れる前に交換が推奨されています。摩耗したタイヤは、雨天時には晴天時では表面化していなかった**制動距離**の延びが現れる傾向にあります。

空気圧も日ごろから管理します。空気圧は少なすぎても多すぎてもタイヤ形状に影響を及ぼして、走行性能や燃費などに悪影響を与えかねません。空気圧が不足した状態で走行すると、タイヤトレッド面のゴムがはがれたり**偏摩耗**したりすることもあります。

空気圧はサービスマニュアルなどを参考にして、決められたエア圧にします。点検および調整はタイヤが冷えている状態で行います。窒素は温度による体積（圧力）変化が少なく、空気よりも抜けも少ないですが、それでも点検は必要です。エアバルブからのエア漏れやバルブキャップの損傷なども点検します。

タイヤのサイドウォールにはメーカーのロゴやブランド名、タイヤサイズが刻印されています（156頁参照）。それに加えて**製造年週**も刻印されています。それは4ケタの数字で示されています。例えば1619と刻印されていた場合、前の2ケタはその年の第16週目（4月中旬）を表し、後の2ケタは西暦の下2ケタ（2019）を示しています。つまり2019年4月に製造されたということがわかります（下図）。

タイヤの寿命は乗り方や環境、使用方法、空気圧管理、保管状況などに影響されるため、製造年週で一概には判断できませんが、それでも保守・点検を進める上で参考になるといわれています。

⚙ キャンバー角とキャンバースラスト、タイヤのラウンド形状

コーナリングの際、バイクはキャンバー角(車輪の傾き)から生じるキャンバースラスト(遠心力に抗して旋回する力)によって旋回力を得ている。バイク用タイヤの断面が楕円形なのは、キャンバー角を大きく取れるようにするため、特にトレッド幅が広く低偏平率のタイヤは、バンク角の変化によって接地面積が大きく変わらないように、その傾向はより強くなっている(右の写真)。バイクにとってグリップ力はとても重要なので、日常点検は欠かせない。

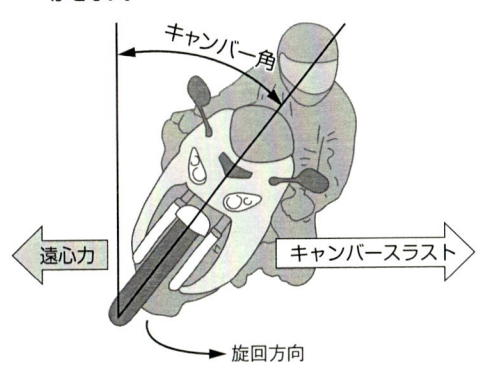

キャンバー角

遠心力

キャンバースラスト

旋回方向

⚙ スリップサイン

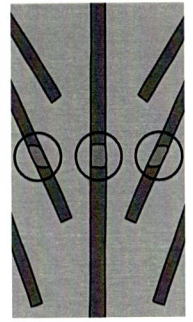

正常なタイヤ

すり減ったために、下にあったスリップサインが表面に出てしまっている

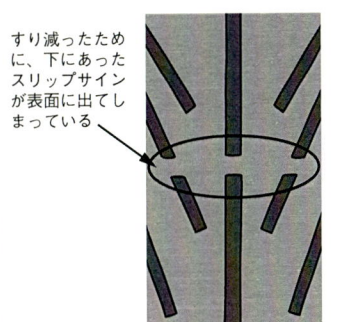

摩耗したタイヤ

スリップサインは溝の深さが0.8mmになると出現する。この数値は道路運送車両法に定められている最低溝深さで、スリップサインが現れる前からグリップ力などは低下している。スリップサインが現れたタイヤは「整備不良」として使用が禁止されている。

⚙ 製造年週を表す刻印の例

16：タイヤが製造された週
→16週(4月)

19：タイヤが製造された年
→2019年

POINT
◎傷や摩耗、損傷などの有無を点検する
◎トレッドが摩耗していくとグリップ力や耐排水性などが低下していく
◎サイドウォールの片面には製造年週が4ケタの数字で刻印されている

ホイールのメンテナンスと交換

タイヤとホイールは一体となることではじめて能力を発揮します。タイヤの性能を最大限に引き出すためには、用途に応じたホイールの選択と保守管理が大切です。

■スポークホイールとキャストホイールのメンテナンス

158頁で述べたように、ホイールには**スポークホイール**と**キャストホイール**があります。前者は衝撃吸収性にすぐれていることなどからオフロード車やモタードに、またコスト面から商用車に採用されているほか、デザイン性や趣味性などの面からネオクラシックタイプにも使われています。基本的にチューブが必要ですが、クロススポークホイールなどのようにチューブの装着を不要にして**チューブレスタイヤ**に対応したものもあります（上図）。一方、後者は量産車に採用され始めた当初、安全性を重視したこともあり重量があったため、剛性面では評価されたものの運動性の面では難があるといわれていました。その後軽量化が進み、現在ではその問題は解消されて、オンロードタイプを中心に幅広く使われています。

スポークホイールのメンテナンスとしては、リムの損傷、スポークの緩みや固着、折れ、スポークとニップルの接合部の損傷などを点検します。スポーク（スチール製）のサビの確認とサビ取りなども行います。長期間使用しているうちに歪みが発生することがあります。歪みはスポークの張りで修正できますが、ホイールの振れ取りは専門家に任せたほうが無難です。キャストホイールでは、リムの傷や損傷などをチェックします。マグネシウムホイールの場合、塗装面に傷やはがれが見られたら腐食防止のため、タッチアップペイントで補修します。

■社外品を活用する

市販されているスポークホイールの中には、軽量化を図りながら強度などを高めたアルミ合金製のリムや、さびにくいステンレス製スポーク、ニップルなどがあります。また数種類の色を選べるようにしているメーカーもあります。

キャストホイールの場合には、純正品（主にアルミ鋳造品）から社外品（アルミ鍛造品やマグネシウム鋳造品、マグネシウム鍛造品）に変更することで、軽量化が図れます。ホイールが軽くなると、路面への追縦性や回転時の慣性マスが小さくなるためハンドリングの向上が期待できます。スポークホイールと同じように色のバリエーションがあり、ドレスアップを可能にしています。なお、ホイール径やリム幅を変更する場合は、ショップなどの専門家に相談してください。

⚙ チューブが要らないスポークホイールの例

クロススポークホイール（上）は、ニップルをリムの外側に配置することでリムから空気が漏れないようにしている。リムの中央部を凸状にし、そこにスポークをつないだタイプ（下）もある。こうすることでキャストホイールと同様にチューブレスタイヤを装着できるようにしている。パンク修理が簡単になることも大きなメリット。

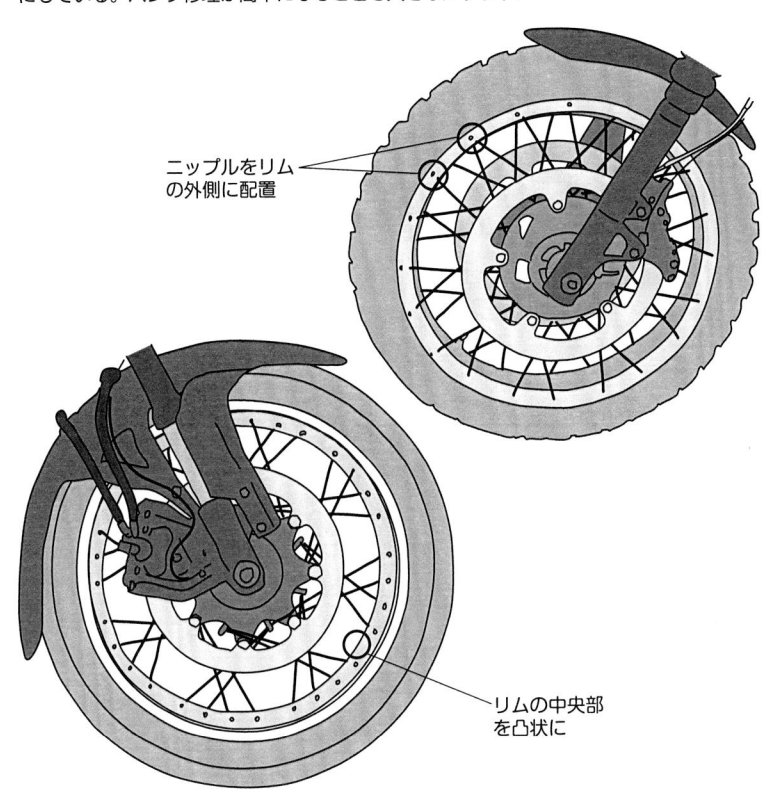

ニップルをリムの外側に配置

リムの中央部を凸状に

⚙ JWLの刻印

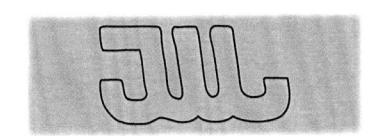

バイクを含めた自動車を統括する規格が日本自動車技術会規格（JASO）。この中に軽合金製ディスクホイール規格（T203-06）があり、この規格に準拠したものに付けられるのがJWL。このマークのないものは車検ではじかれるので要注意。

POINT
◎スポークホイールはチューブを装着するのが基本だが、キャストホイールと同様にチューブレスタイヤに対応したものもある
◎市販の軽量ホイールはハンドリングの向上が期待できる

レース用タイヤと公道用タイヤ

4-6

ロード、オフロードを問わず、特定の条件下で酷使されるレース用タイヤにはいろいろな特徴があります。最近は公道走行も可能なレース用タイヤが販売されていますが、扱いには注意が必要です。

■タイヤのグリップ性能について

タイヤの主な役割は、エンジンの動力やブレーキング時の制動力を路面に伝えることですが、この加速や減速する力を伝達する力が**グリップ力**になります。タイヤのグリップ力は、タイヤ表面の材質や路面との接触（接地）面積、**トレッドパターン**形状などによって変化します（156頁参照）。

ロード用タイヤの場合、大きな影響力があるのが面積と材質で、レース用タイヤでは溝のない**スリックタイヤ**が使用されています（上図①）。溝付きタイヤの使用が義務づけられているプロダクションクラス用やスーパースポーツ車用でも、エンジン出力を効率よく路面に伝えるために、溝が非常に少ないタイヤが使用されています（上図②）。

オフロード用タイヤは、砂地でのグリップ力が求められているため、トレッド部をブロック状にすることで深い溝を持たせ、砂地や泥濘地にトレッド部の溝がくい込んだときに地面を柱状に固め、その柱を凸部でせん断するときの抵抗によって駆動力や制動力を得ています。またブロック表面に細かな溝を切ることで、スキー板やスノーボードのエッジ部と同じような機能を持たせてグリップ力を高めています（上図③）。

■レース用タイヤと市販車用タイヤの違い

特定の条件下で非常に高いグリップ力を発揮するレース用タイヤと異なり、公道用タイヤは天候や気温、路面状況などの変化に対応できるように設計されています。また耐摩耗性も考慮されています。

最近は公道走行も可能なレース用タイヤも販売されていますが、路面やタイヤ温度が低い場合や雨天では十分なグリップ力が発揮できません。また、適切な車体セッティングができていなければ、ウォブル（一定のスピードになると起こる車体の横揺れ）やチャタリング（コーナリングなどでフロントタイヤがはねること）が発生するなど、取り扱い方はレース専用タイヤとほとんど変わりません。

右頁の表に、ロードレース用タイヤとオフロードレース用タイヤの特徴をまとめておきます。

⚙ **タイヤの種類**

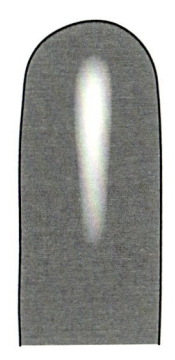

①スリックタイヤ　　　　②ロード用タイヤ　　　　③オフロード用タイヤ

⚙ **ロードレース用タイヤ、オフロードレース用タイヤの特徴**

◉ロードレース用タイヤの特徴
・レース用タイヤはサーキットなど特定の場所での使用が前提
・路面温度や舗装状態など限られた条件の中で非常に高いグリップ力を発揮するように設計されている
・グリップ力を最優先しているため、耐摩耗性は非常に低く、一般的にはサーキット走行で4〜5時間程度しかもたない
・タイヤ表面が酸化するとグリップ力が低下するため、保管時にはタイヤ表面にラップを巻くなどして保護する必要がある
・スリックタイヤは、路面とタイヤ表面の摩擦熱によってタイヤを溶かしてグリップさせているため、タイヤの温度が上がらないとまったくグリップしない
・スリックタイヤはトレッド部に溝がなく、タイヤと路面の間の水を排水できないため雨天時は使用できない

◉オフロードレース用タイヤの特徴
・オフロードレース専用タイヤは、タイヤトレッド面のブロックを路面に食い込ませてグリップ力を発揮させる
・タイヤの空気圧を100kPa（1.0kgf/cm²）程度まで落とすことで、タイヤのたわみ量を増やしてグリップ力を高めている
・空気圧が低くなるとタイヤとホイールの位置がずれてチューブが千切れるため、空気圧を80kpa以下にする場合はビードストッパーの追加が必要になる
・舗装路での使用を前提としていないため、舗装路ではタイヤの接地面積が極端に小さくなり、本来のグリップ力を発揮させることはできない

POINT
◎タイヤはグリップ力により加速・減速する力を伝達する
◎ロード用タイヤは、面積と材質がグリップ力に大きく影響する
◎オフロード用タイヤは、トレッドの溝によってグリップ力を得ている

フレームと足回り
のチューニング

　チューニングというとエンジン出力にばかり注目しがちですが、車体がエンジンに対応できていなければ、その力を発揮することはできません。車体のチューニングは、主に3つあります。

　1つ目は車体に加わる応力に見合ったフレーム強度の実現です。エンジン出力やタイヤのグリップ力が向上すると走行中に車体に加わる応力も増大します。このとき、車体の強度が弱いとねじれるように暴れたり、振動を起こしたりするため、応力が集中しやすい箇所に補強が必要となります。

　2つ目はサスペンションのグレードアップです。サスペンションの性能は、スムーズな作動性と安定性、細かな調整機能の有無によります。作動性は、小さな衝撃の繰り返しや大きな衝撃があってもスムーズに吸収できる追従性のよさです。安定性は、激しいライディングが続いても熱だれを起こさず安定した減衰力を発揮する性能です。調整機能は、伸び側・圧縮側はもちろん、作動速度の違いで減衰力の効き具合や車高などの調整機能を付加することです。

　3つ目は軽量化です。強度の確保が優先されますが、必要な強度を確保したうえでいかに軽量化するかが重要です。車体が軽くなれば旋回性や操作性が向上します。また制動力も相対的に高まります。車体の軽量化は、基本的にホイールやフロントフォーク、スイングアームなどの材質そのものを軽量部材に置換します。特にホイールの軽量化は高価ですが比較的簡単に行うことができ、サスペンションの追従性や乗り心地の改善に大きく影響します。

　これらの車体のチューニングはバランスが非常に重要になります。バイクのフレームはそれ自体がたわむことを考慮して設計されているため、強度が高くなりすぎたり、車体全体の強度のバランスがくずれると、フロントタイヤのグリップ感の遺失やチャタリングなどが発生することがあります。最近は溶接による補強以外にも、パフォーマンスダンパーと呼ばれる車体の小刻みな振動やねじれを吸収するパーツも販売されています。

参考文献

◎オートバイのサスペンション　カヤバ工業株式会社編　山海堂　1994年

◎バイクのメカ知識222　米山則一著　山海堂　2005年

◎とことんやるバイクメンテナンス　小川直紀著　山海堂　2000年

◎バイク知りたいこと事典　小川直紀著　山海堂　2004年

◎図解でわかるバイクのチューニング　小川直紀著　山海堂　2007年

◎新・図解でわかるバイクのメカニズム　小川直紀著　発行：新建新聞社／発売：ア
　ース工房　2008年

◎きちんと知りたい！ バイクメカニズムの基礎知識　小川直紀著　日刊工業新聞社
　2014年

索 引 (五十音順)

は　行

おわりに

　本書をまとめるにあたり、最新の電子制御技術やチューニングについて改めて確認をしましたが、その技術の進歩は目を見張るものがあります。その反面、電子制御化により、これまでバイクのチューニングではあまり縁のなかったコンピューターやセンサー、ECUなどへの対応が必須になり、チューニングの概念が大きく変わりました。

　また、これまでチューニングというと、ボアアップやキャブレター、マフラー交換といったパーツ交換を主とするものが一般的でしたが、現在のバイクは各部品が緻密に連携（バランス）しており、特に電子制御化されたバイクは高度化・複雑化しているため、このバランスを取る作業が非常に難しく、これまでのものとは異なる高度な知識と経験が必要になります。

　このため、現在のチューニングはパーツを交換するだけではなく、その名の通り、他の部品と適切にバランスさせて、初めて完了したことになります。そのためには、各部が正常に機能していることが大前提になり、これまで以上に日々のメンテナンスが重要になります。

　また、市販状態のバイクは、ライダーの身長や体重の平均値をベースにしたセッティングになっています。使用方法もさまざまな条件を想定しているため、ライダーそれぞれの特徴に合わせたチューニングを行うことで、より自分にフィットしたものになります。チューニングというと加速力や最高速度の向上を目的としているものが主流ですが、バイクを自分の体形や好みに合わせて調整することでライディングに余裕が生まれ、安全性も向上します。

　今後は環境性能がより重視され、バイクも電動化が急速に進むと思われます。その結果、動力源がモーターになり燃料のガソリンも電気に代わっていくかもしれません。ただ、そのような中でも、その人によりフィットする、個人の好みを反映するチューニングは形を変えて続いていくと思います。

　本書が皆さんの素晴らしいバイクライフの一助になることを願っています。

小川　直紀

──────── 著者紹介 ────────

小川　直紀（おがわ　なおき）

1965年大阪生まれ。1985年、岡山職業訓練短期大学校自動車課卒（2級自動車整備士免許取得）。自動車ディーラー勤務を経て、1989年、自動車整備関連の出版社に入社。各種出版物の編集作業のほか、各種講習会、安全衛生特別教育での講師も担当する。自動車整備職業訓練指導員・自動車車体整備職業訓練指導員。

◎著書：『図解でわかるバイクのメカニズム』『とことんやるバイクメンテナンス』『バイク知りたいこと事典』『図解でわかるバイクのチューニング』（以上山海堂）、『きちんと知りたい！バイクメカニズムの基礎知識』（日刊工業新聞社）ほか。

きちんと知りたい！
バイクメンテとチューニングの実用知識　　　　　NDC 537.7

2019 年 6 月 30 日　初版 1 刷発行	（定価は、カバーに表示してあります）
2022 年 2 月 10 日　初版 4 刷発行	

　　　　　　©著　者　　小　川　直　紀
　　　　　　　発 行 者　　井　水　治　博
　　　　　　　発 行 所　　日 刊 工 業 新 聞 社
　　　　　　　　　東京都中央区日本橋小網町 14-1
　　　　　　　　　　（郵便番号　103-8548）
　　　　電　　話　書 籍 編 集 部　03-5644-7490
　　　　　　　　　販売・管理部　03-5644-7410
　　　　　　　　　Ｆ Ａ Ｘ　　　03-5644-7400
　　　　振替口座　00190-2-186076
　　　　URL　　　https://pub.nikkan.co.jp/
　　　　e-mail　　info @ media.nikkan.co.jp

　　　　印刷・製本　　新 日 本 印 刷　（POD3）